水电工
从入门到精通

电工
部分

武宏达　编著

化学工业出版社

·北京·

内容提要

本书分为电工部分和水暖工部分，包含六篇、二十四章内容。电工部分主要介绍装修电工施工。第一篇为电工入门篇，内容包括电路施工图纸识读、电路端口空间布设、电路工具以及电路施工预算等；第二篇为电工提高篇，这部分为核心内容，包括识别管线、电路布线与配线、电路接线以及现场施工等内容；第三篇为电工精通篇，内容包括智能家居系统施工、用电设备安装、电路修缮以及家庭用电安全等。

水暖工部分主要介绍装修水暖施工。第一篇为水暖工入门篇，内容包括水路施工图纸识读、水路端口空间布设、水暖工工具以及水暖施工预算等内容；第二篇为水暖工提高篇，内容包括识别材料、水路布管、水管连接、水路现场施工、水暖施工以及消防系统施工等内容；第三篇为水暖工精通篇，内容包括水路安装以及水路修缮等内容。

本书作为一本全面、系统的水电施工技术书籍，不仅有系统的基础知识，还有丰富的图解过程，更有清晰的现场施工操作视频，特别适合想要从事装修水电施工的现场工人以及技术人员参考学习，也可供家装业主参考使用。

图书在版编目（CIP）数据

水电工从入门到精通 / 武宏达编著．—北京：化
学工业出版社，2019.6（2024.4重印）
　ISBN 978-7-122-34191-4

　Ⅰ．①水… Ⅱ．①武… Ⅲ．①电工－基本知识②水暖
工－基本知识 Ⅳ．① TM ② TU832

中国版本图书馆 CIP 数据核字（2019）第 056833 号

责任编辑：彭明兰　王　斌
责任校对：边　涛　　　　　　　　　　　　　装帧设计：刘丽华

出版发行：化学工业出版社（北京市东城区青年湖南街13号　邮政编码100011）
印　　装：北京瑞禾彩色印刷有限公司
710mm×1000mm　1/16　印张 25　字数 504千字　2024年4月北京第1版第13次印刷

购书咨询：010-64518888　　　　售后服务：010-64518899
网　　址：http://www.cip.com.cn
凡购买本书，如有缺损质量问题，本社销售中心负责调换。

定　　价：99.00元　　　　　　　　　　　　　版权所有　违者必究

前　言

随着国家城镇化建设的快速发展，装修市场对于施工人员的需求越来越大，技术要求也是越来越高。水电施工是室内装修最为重要的部分，也是技术要求相对较高的基础施工，对于从业者有着较高的技术要求。要想真正掌握水电施工这门技术，必须先了解一定的基础理论，再学习技术实操，还要结合整个装修过程进行学习。

一个成熟的水电工，必须懂施工图纸，会做工程预算，能进行设计布局，能熟练使用各种工具、了解不同的水电材料，对于现场施工容易出现的问题以及施工过程中的工种配合必须熟练掌握，甚至装修后的必要维修都要知道如何处理。

本书以行业水电施工的实际需求为导向，从基础开始，成体系地讲解装修水电施工技术，专注学习型内容的循序渐进，为广大从业者提供一个系统学习的知识内容体系。除了系统、全面的知识内容介绍，对于水电施工的两大核心——设计与施工，本书在内容呈现上与实际装修相结合，提供了更为直观的布线、布管三维设计图示；针对重点施工步骤，专门录制了高清施工视频，力争让读者在学习过程中，看得更清楚、更透彻。全书提供了一千多张的高清彩图，涵盖设计施工图、线路布置图、分步现场操作图、设备安装图等，配合专业的内容讲解，非常直观。

本书作为一本全面、系统的水电技术书籍，不仅有系统的基础知识，还有丰富的图解过程，更有清晰的现场施工操作，特别适合想要从事装修水电施工的现场工人以及技术人员参考学习。

技术无极限，即便在编写过程中，投入了大量的精力去整理、勘校，也请教了不少专家以及具有多年现场施工经验的水电师傅，由于编者水平有限，书中疏漏之处在所难免，敬请广大读者批评指正。

目 录

CONTENTS

第一篇　电工入门篇

第4章 电路施工预算

第二篇 电工提高篇

第5章 识别管线

第6章 电路布线与配线

第7章　电路接线

第11章　电路修缮

第12章　家庭用电安全

第一篇
电工入门篇

第1章
电路施工图纸识读

　　学习或了解家装电工的第一步，是学会识读电路施工图纸。熟练掌握识图方法，对学习电路施工、配线、接线等实际操作性较强的内容有较大的帮助，可规避掉许多不必要的问题。

　　电路施工图纸主要包括灯具定位图、开关布设图、插座布设图、弱电布设图以及配电箱系统图等五部分。其中，灯具定位图和开关布设图具有连带关系，识图时需配合起来阅读；插座布设图和弱电布设图有互通之处，它们的布设位置及高度很多都一样；配电箱系统图是一张总领性的图纸，里面显示了配电箱的线路分布、空间布局等重要信息。

1.1 识图前需要了解的基础知识

识读施工图需要了解的基础知识包括三方面，分别是封面信息、施工工艺要求以及图纸目录。其中，最重要的部分是施工工艺要求，里面的内容包含了水电工程中重要的施工细节要求。

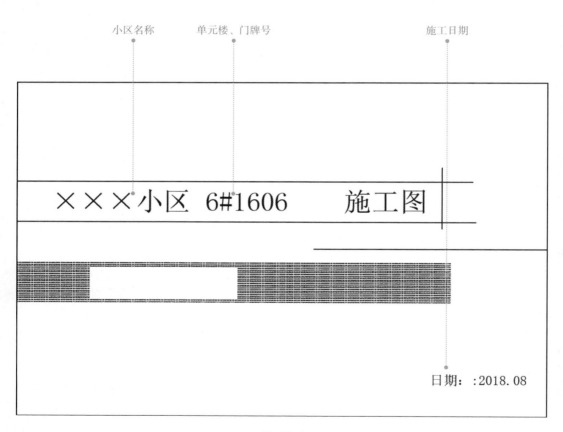

▲封面信息

进场、砌墙、防水，铺砖施工要求

进场施工要求

1. 进场做成品保护（门窗）、成品交换（配电箱、对讲门铃等）
2. 现场配备消防工具（灭火器、沙箱）并摆设在明显的位置
3. 电工必须有上岗证
4. 要求施工方张贴警示牌、施工进度表、施工工艺规范、施工图纸
5. 监理公司必须标好门标以及监理日志工作簿
6. 施工现场先找水平线，统一按此水平线施工
7. 拆除墙体，先保护好下水口，避免杂物掉入造成堵塞
8. 施工中配备备制大便器
9. 天花板白灰铲除、空鼓铲除
10. 原设计图纸须拆除原建筑墙体时，主电源配电箱等电器不可移动，承重墙及梁柱不损坏，复杂露台防水层不可破坏

防水施工要求

1. 基层表面应平整，不得有松动、空鼓、起砂、开裂等缺陷，含水率应符合防水材料的施工要求
2. 地漏、套管、卫生洁具根部、阴阳角等部位，应先做防水附加层
3. 防水层高出地面墙面应300mm，水槽处做到1米，浴室内墙做的防水层做到1.8～2m
4. 防水砂浆的配比应符合设计或成品的要求，防水层应与基层结合牢固，表面应平整、不得空鼓、裂缝和磨毛起砂，阴阳角做圆弧形
5. 涂膜涂料须均匀一致，无渗漏剥离，总厚度控制在1mm以上且应符合产品技术要求
6. 厨房、卫生间墙砖铺完后，为了防止地砖铺设施工中防水层受到破坏，在铺地砖前先补刷一遍防水涂料
7. 防水工程应做两次蓄水试验、防水层硬完、墙地砖以及门槛石铺完后才开始蓄水。蓄水时间为48h

砌墙粉刷施工要求

1. 厨房、卫生间必须设置防水梁，高出地面300mm内埋钢筋
2. 新旧墙体交接处砌墙须打"拉结筋"总长600mm，入墙100mm，斜45°打入，高度每400mm一起，做结构时加入植筋胶
3. 新旧墙体交接处粉刷须用"挂网"网宽200mm，网径10mm×10mm，各起新旧墙100mm，方用1:3水泥砂浆，通知甲方验收后方可粉刷，粉刷层厚度不超过35mm，如超过必须用钢丝网，以避免产生空鼓脱落现象
4. 门洞过梁须采用钢筋水泥预制混凝土过梁，厚度100mm，梁长度须过门洞左右各30mm，且采用8mm钢筋二根。
5. 现场所有做木门门框厚度，须根据具体的墙体厚度来确定。
6. 砌墙当天不能直接砌到顶，到顶后须顶上灰浆顶先预先塞好方可施工，最顶上一排砌砖须用斜砌砖法，水泥须直接与水泥面或腻子砂土面接触
7. 粉刷尽量采用"定点冲筋"，墙平整度，垂直度须控制在每平方米范围内4mm为合格。
8. 粉刷好的墙体须洒水养护三天以上
9. 找平时须先刷一遍水泥膏铺粗砂浆

铺砖施工要求

1. 瓷砖铺贴前须预先选材，砖规格、尺寸、平整度、颜色有差别的不能铺贴
2. 瓷砖铺设空鼓率在5‰以内为合格，空鼓没超过整片面砖的15%不为空鼓
3. 地面砖铺前不能积水，地面须2%水收度（5°）
4. 墙地砖铺贴时，与同等规格尺寸的瓷砖铺贴须对缝
5. 砖面平整度、垂直度符合标准，在2m²范围内不超过±2cm
6. 瓷砖切割须平整，直角拼接须用45°碰角工艺处理
7. 砖缝须清理干净，后方可勾缝
8. 水泥砂浆配比须正确，墙不直接使用纯水泥砂铺砌
9. 小于1/3数的瓷砖不要铺贴，在地面中间
10. 后期与地面不同空隙处预留尺寸须到位，不能太多或太少，否则会影响使用
11. 金刚板拼平面不得有压光，但也不可起砂，地面平整度须符合合适标准

注意事项：
瓷片款式规格在施工前须经设计师同意才能使用，铺设方式参考图纸，但实际铺设需以放度量为准，非造型特定要求，应以纸损耗铺设方法为首选。

备注

▲ 施工工艺要求（项目一）

电施说明、水电施工标准

电施说明

一、电气设计内容包括二次装修设计

二、导线选用及敷设方法
导线选用铜芯聚氯乙烯导线BV-500V。配线时，红色电线为相线（L）、蓝色电线为零线（N）、双色线为保护线（PE），开关回头线为黄色或绿色，穿管导线不允许有接头应在分支处加装接线盒。

照明线路：照明电源线BV-2.3mm。照明BF-1.5mm，吊灯及连接开关的支线用BV-2.25mm

三、电气设备安装高度

1. 分配电箱应采用暗装，底边距地1.8m。
2. 普通暗插、立式空调暗插一般距地0.3m。挂式空调及热水器暗插一般距地2.2m。并应采用安全型插座
3. 弱电（电话、电视、网络等）入户弱设集中配，底边距地0.3m。弱电箱内应留有线路。
4. 墙开关及调控开关中心距地1.4m，距门边0.1～0.15m。

四、电气保安接地，按原设计

单项插座无注明时为二加三孔组合插座，每组按100W计，计算机插座每个按300W计

五、其他

1. 漏电开关的漏电动作电流除注明外均为30mA，注意保护线不得通过漏电开关。
2. PVC管敷设应根据施工图管线走向有序地布置线路，尽量减少弯曲。
3. PVC管弯曲不大于90°，弯曲半径不小于管内径的6倍。
4. 强弱电不得在同一条管内敷设，不得进入同一接线盒。

水电施工标准

1. 强电线桥分管分隔，闭路线与电源线管及盒须分开300～500mm，有特殊情况不能分开的，甲乙双方应做隔离措施
2. 电源插座底边离地为300mm，空开与板底或边离地应为1400mm
3. 厨房、空调、热水器等专线每组超过的部分冰箱，浴霸使用专线2.5mm²（1.25匹以内的调用专线2.5mm²），所用导线截面尺寸须满足电用电器设备的最大输出功率
4. 室内所有插座颜色须分色使用，接地线使用专用接地线
5. 电路全管均不得超过管截面的40%，暗管穿须加管加开
6. 暗盒管线不须超过标准直高，同一房间水平误差不超过±5mm
7. 套内所有插座须先采用，且做接地加护
8. 塑料电线保护管须使用接线盒，外观不应有破损、折偏、裂缝及变形。套内应无毛刺，管口应平整
9. 室内所有暗盒须使用接地线盒
10. 水平管布并不可突出为200mm，水路走向左右左右，且冷热管须分开150mm
11. 水路试压压接不得封闭，电路验收有否需封闭
12. 排水管更改时，须做设达水坡度5%，且地漏不可与其他下水管共用
13. 地面走线，须开横平竖直
14. 补线墙面电线标号不能超过原标准标号，须比无线低一线
15. 厨房卫生间地面不得走线管
16. 套内所有线线一律不得讲弯，均须横走
17. 水电验工程完工后，施工方须出具水电完工一份交由甲方
18. 水电材料场须甲方验收后方可施工，需经甲方验收不得施工
19. 施工现场应安全防护，水电项目工程须持证上岗，否则不得施工

注意事项：
1. 所有电线采用相应过游戏高一准线的国标线。
2. PVC过线管平均线高距门洞100mm。
3. 冷气开关直接配电箱。
4. 吸顶灯预高无管到标明为1900。
5. 门口开关高度为1400mm，床头关标高为600mm。
6. 本图所有标高均以地面高度为基准。

备注

▲ 施工工艺要求（项目二）

木作及涂料施工要求

木作施工要求

1.所有木作板材与墙壁、地面直接的接触面，均须做双面防潮处理，木材的含水率在12%以下方可使用，经甲方验收后方可固定安装，否则不认可

2.吊顶木龙骨刷二遍防火涂料，且木龙骨须加固膨胀螺栓，经甲方验收后方可封板，否则不予验收

3.柜子背板衬厚9mm，抽屉厚12mm为佳，边框厚12mm

4.面板上不得打钉，否则视为不合格，胶水须贴粘到位

5.柜子做好后通知甲方验收，吊顶封板前通知甲方验收

6.收口线条须加胶水粘贴，且须修顺、修平

7.硅酸钙板使用自攻螺钉固定，间距15cm左右，且板与板之间、板与墙体之间可留缝3～5mm

8.所有饰底木作一律须加封硅酸钙板，如果是弧度造型，必须刷室内专用的清漆，做混油处一律贴面板或三合板

9.吊顶及木作布线均须套管

10.木地板地龙骨安装工艺：地龙骨根据板尺寸定，正常间距为600mm且加固膨胀螺栓，且须涂防潮涂料，否则视为不合格

11.木工退场前须根据电位预先挖好灯孔以及插座孔

12.具体木作尺寸以须结合图纸施工，以现场实际尺寸为准

13.木工工艺要求横平竖直，工艺细腻

14.细木工板须装饰用圆钉固定

15.线条收边时不能与与修平，待收缩稳定下来后方可修平

16.线条收边、柜体组装，吊顶板接头处须涂胶水

17.门缝须留均匀，边缝3mm、上缝2mm、下缝5mm

注意事项

1.木作施工前必须核对所有施工图纸，非全部核对清晰并理解图纸前不可施工，局部清晰亦不能施工，如有发现图纸矛盾以及尺寸误差即需要停止施工，待设计师确定后方能施工，盲目施工、未全核图纸前，施工方需自行负担一切责任

2.木作柜框架、橱面架、造型结构制作完毕后，需要设计师进行一次确认，确认方法为现场或场各角度的图片拍摄提供，即在贴饰面板前需要做一次确认。木作的现场前亦需进行一次如此的确定核查。

3.有色的，含家具漆及墙面漆的颜色确定需经过设计师确定后方可施工，使用肌理材质及壁纸等装饰材料亦需要通过设计师确定后方可施工。

涂料施工要求

一、家具漆

1.面板线条卫生做干净

2.线条不平的修平

3.有刷过底漆的先打磨到位

4.刷一遍底漆补钉孔，钉孔须补平、补实、颜色调好，过大的边缝须用家具漆调灰补平

5.喷刷油漆前必须打磨到位，无亮点

6.喷漆前须一次面漆打水磨

7.有色漆与透明漆分开施工

8.不要在湿度过大的天气做喷涂施工

9.涂料配比须按说明施工

10.涂料表面要求光滑、平整、饱满、无色差、无颗粒、无针孔

二、墙面漆

1.钉头须做防锈处理

2.吊顶石膏板接缝过的须开3～5mmV形槽

3.墙面天花空鼓须铲除

4.细木工板及实木板面不能直接扒灰，须用底漆封闭

5.用专用补缝刮补平干透后贴墙，一层网带二层纸带三层牛皮纸布（麻布宽度30cm，墙面损伤伤面的须更宽）

6.阳角须用水泥砂浆做护角，宽度不小于5mm

7.涂饰工程应涂饰均匀，黏结牢固，严禁漏涂

备注

施工工艺要求（项目三）

图 纸 目 录 （一）

图纸目录

1.2 家居装修全套施工图纸

　　一套完整的家居装修施工图纸包括原始平面图、墙体拆改图、平面布设图、吊顶布设图、吊顶尺寸图、地面铺贴图、灯具定位图、开关布设图、插座布设图、弱电布设图、配电箱系统图、给排水布设图、立面索引图以及各项立面施工图。

（1）基础施工图纸

　　基础施工图纸包括原始平面图、墙体拆改图、平面布设图、吊顶布设图、地面铺贴图以及立面施工图。

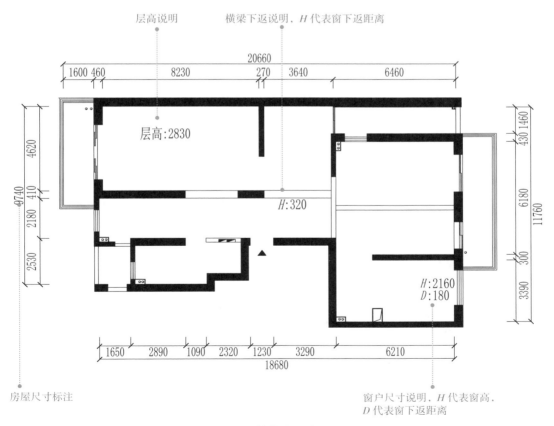

▲ 原始平面图

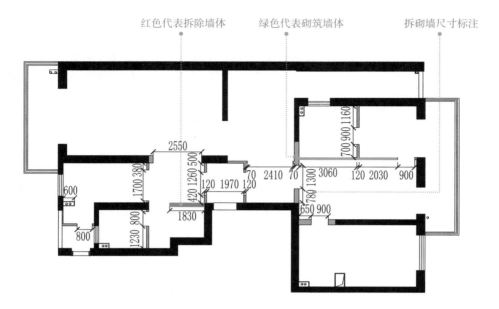

红色代表拆除墙体　　　绿色代表砌筑墙体　　　拆砌墙尺寸标注

▲ 墙体拆改图

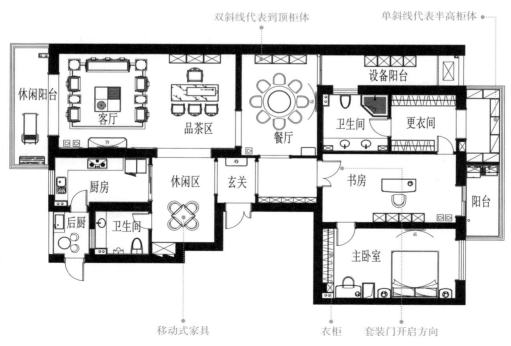

双斜线代表到顶柜体　　　　单斜线代表半高柜体

移动式家具　　　衣柜　　　套装门开启方向

▲ 平面布设图

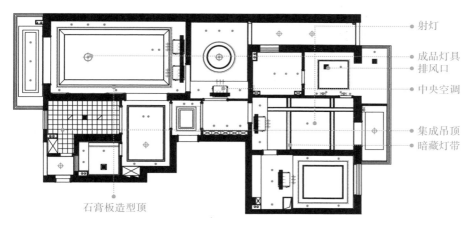

射灯

成品灯具
排风口

中央空调

集成吊顶
暗藏灯带

石膏板造型顶

▲ 吊顶布设图

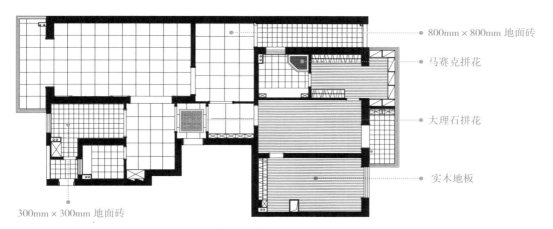

800mm×800mm 地面砖

马赛克拼花

大理石拼花

实木地板

300mm×300mm 地面砖

▲ 地面铺贴图

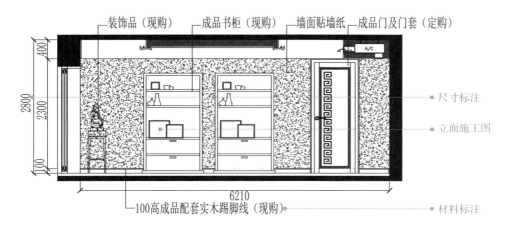

装饰品（现购）　成品书柜（现购）　墙面贴墙纸　成品门及门套（定购）

尺寸标注

立面施工图

100高成品配套实木踢脚线（现购）　　　材料标注

▲ 立面施工图

（2）水电施工图纸

水电施工图纸包括灯具定位图、开关布设图、插座布设图、弱电布设图、配电箱系统图以及给排水布设图。

▲ 灯具定位图

▲ 开关布设图

卫生间安全插座

坐便器用电插座

H:350　H:350　H:350

H:1150

H:1000

H:1200

2个:1150
1个:600

H:1150

H:350

H:1150

由专业厂家指导

2个H:1000
1个H:350

H:350

H:1150
H:1150

H:1150 H:350

H:350

H:350

H:1150

H:350

H:350

H:900

H:750 H:750

插座距地尺寸

普通五孔插座

地插座

▲插座布设图

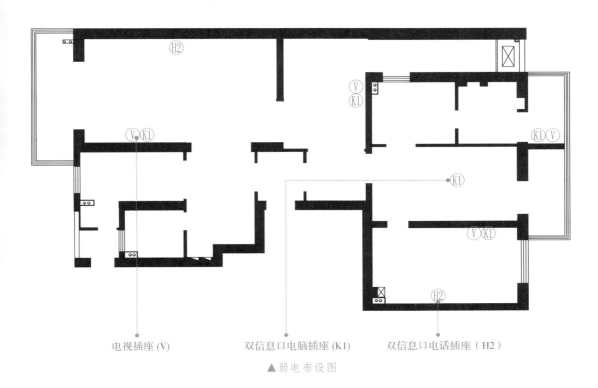

(H2)

(V)
(K1)

(V)(K1)

(K1)(V)

(K1)

(V)(K1)

(H2)

电视插座 (V)

双信息口电脑插座 (K1)

双信息口电话插座（H2）

▲弱电布设图

9

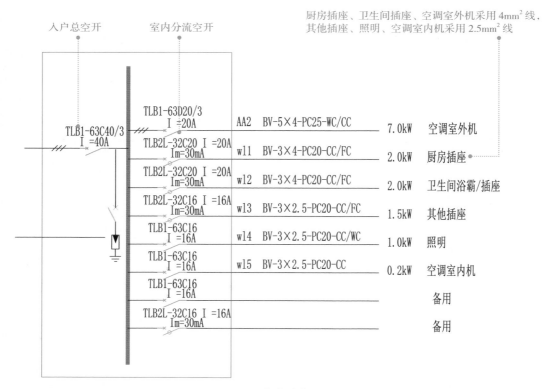

▲配电箱系统图

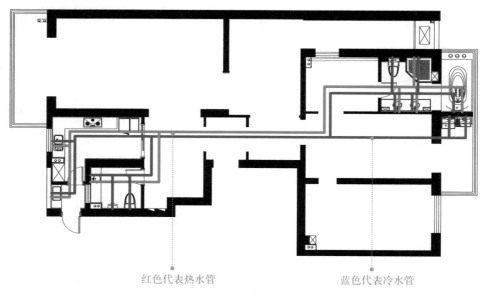

红色代表热水管   蓝色代表冷水管

▲给排水布设图

1.3 灯具定位图纸

（1）照明常见图例

灯具定位图纸常用图例见下表。

图 示					
名 称	成品吊灯	防雾灯	射灯	筒灯	斗胆灯
图 示				- - - - -	
名 称	壁灯	球形灯	花灯	灯带	浴霸

（2）识图方法

　　根据灯具定位图纸划分出客厅、餐厅、卧室、书房、卫生间以及厨房等空间的照明覆盖区域，并计算出相应空间内的灯具数量。以下图为例，客厅吊灯一盏，射灯七盏；过道斗胆灯三盏，筒灯一盏；卫生间吸顶灯一盏，浴霸一盏。

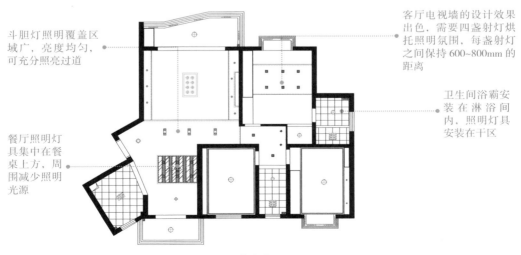

斗胆灯照明覆盖区域广，亮度均匀，可充分照亮过道

客厅电视墙的设计效果出色，需要四盏射灯烘托照明氛围，每盏射灯之间保持600~800mm的距离

卫生间浴霸安装在淋浴间内，照明灯具安装在干区

餐厅照明灯具集中在餐桌上方，周围减少照明光源

▲灯具定位图纸

1.4 开关布设图纸

（1）常见开关图例

开关布设图纸常用图例见下表。

图 示	名 称	位置要求
	单极单控翘板开关	暗装 距地面 1.3m
	双极单控翘板开关	暗装 距地面 1.3m
	三极单控翘板开关	暗装 距地面 1.3m
	四极单控翘板开关	暗装 距地面 1.3m
	单极双控翘板开关	暗装 距地面 1.3m
	双极双控翘板开关	暗装 距地面 1.3m
	三极双控翘板开关	暗装 距地面 1.3m

（2）识图方法

红色代表开关图标，带有弧度的虚线代表导线走向的图标。查看开关图标的位置，并根据虚线找出开关所控制的空间、灯具。以下图为例，在卧室中，进门的位置设计了开关，分别控制吊灯和射灯，同时在床头的一侧设计了双控开关，可同时起到控制效果。

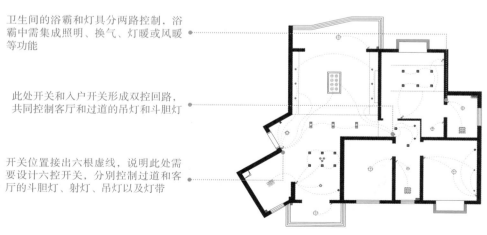

卫生间的浴霸和灯具分两路控制，浴霸中需集成照明、换气、灯暖或风暖等功能

此处开关和入户开关形成双控回路，共同控制客厅和过道的吊灯和斗胆灯

开关位置接出六根虚线，说明此处需要设计六控开关，分别控制过道和客厅的斗胆灯、射灯、吊灯以及灯带

▲ 开关布设图纸

1.5　插座布设图纸

（1）插座常见图例

插座布设图纸常用图例见下表。

图　示	名　称	电流要求	位置要求
K	壁挂空调三极插座	250V 16A	暗装 距地面1.8m
	二、三极安全插座	250V 10A	暗装 距地面0.35m
F	三极防溅水插座	250V 16A	暗装 距地面2.0m
P	三极排风、烟机插座	250V 16A	暗装 距地面2.0m
C	三极厨房插座	250V 16A	暗装 距地面1.1m
B	三极带开关冰箱插座	250V 16A	暗装 距地面0.35m
	三极带开关洗衣机插座	250V 16A	暗装 距地面1.3m
K	立式空调三极插座	250V 16A	暗装 距地面1.3m
	热水器三极插座	250V 16A	暗装 距地面1.8m
	二、三极密闭防水插座	250V 16A	暗装 距地面1.3m
W	电脑上网插座	—	暗装 距地面0.35m
Y	音频插座	—	暗装 距地面0.35m

续表

图 示	名 称	电流要求	位置要求
（电视插座图示）	电视插座	—	暗装 距地面 0.35m
（电话插座图示）	电话插座	—	暗装 距地面 0.35m
（二、三极安全插座图示）	二、三极安全插座	—	地面插座
（电脑上网插座图示）	电脑上网插座	—	地面插座

（2）识图方法

可根据插座常见图例区分出空间内的功能插座，常见的如 K 表示壁挂空调三极插座，W 表示电脑上网插座，F 表示三极防溅水插座等，没有作英文标记的为普通五孔插座。在插座图标侧边的数字标记为插座的离地距离，H 为代表高度的英文标记。

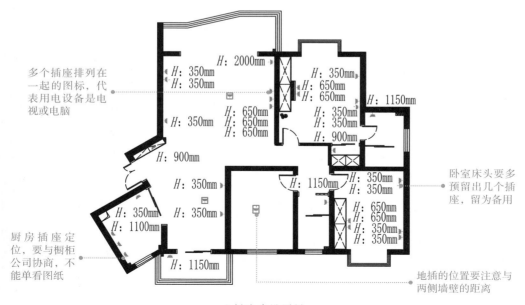

多个插座排列在一起的图标，代表用电设备是电视或电脑

H：2000mm
H：350mm
H：350mm
H：650mm
H：350mm
H：650mm
H：650mm
H：650mm
H：900mm
H：350mm
H：350mm
H：650mm
H：650mm
H：1150mm
H：350mm
H：350mm
H：900mm

卧室床头要多预留出几个插座，留为备用

H：1150mm
H：350mm
H：350mm
H：650mm
H：650mm
H：350mm
H：350mm

H：350mm
H：350mm
H：1100mm

厨房插座定位，要与橱柜公司协商，不能单看图纸

H：1150mm

地插的位置要注意与两侧墙壁的距离

▲ 插座布设图纸

1.6 弱电布设图纸

（1）弱电常见图例

弱电布设图纸常用图例见下表。

图　示	名　称	位置要求
(H2)	双信息口电话插座	暗装　距地面 0.65m
(V)	电视插座	暗装　距地面 0.65m
(K1)	双信息口电脑插座	暗装　距地面 0.65m

（2）识图方法

根据弱电常见图例区分出双信息口电脑插座（K1），电视插座（V）以及双信息口电话插座（H2）。其中，电脑插座（K1）和电视插座（V）通常并排安装在电视墙，而电话插座（H2）则安装在沙发墙的一端。

电话插座（H2）的安装位置在靠近床头、挨近门口的一端

书房内的电脑插座设计地插，安装在地面

餐厅背景墙离地650mm的位置安装电脑插座（K1）和电视插座（V）

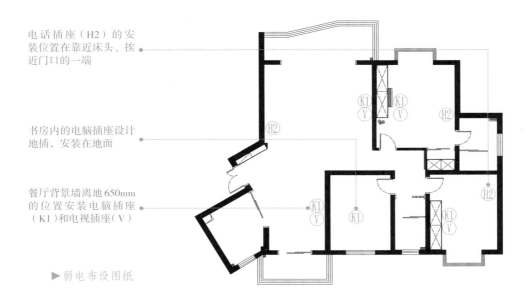

▶ 弱电布设图纸

1.7 配电箱系统图纸

（1）配电箱图纸符号说明

配电箱图纸符号说明见下表。

符　号	说　明	符　号	说　明
BV	铜芯聚氯乙烯绝缘导线	WC	墙内暗敷设
ZB	阻燃铜芯聚氯乙烯绝缘导线	63A	额定电流为63A
C45N	空气开关型号	20A	额定电流为20A
2P	两相控制	30mA	漏电保护为30mA
1P	单相控制		

（2）识图方法

配电箱图纸的解读分为三个部分，一是导线的型号，二是空气开关的型号，三是使用位置。符号前带有 BV 标识的为导线，符号前带有 C45N 标识的为空气开关型号，图纸末端的文字说明为使用位置。

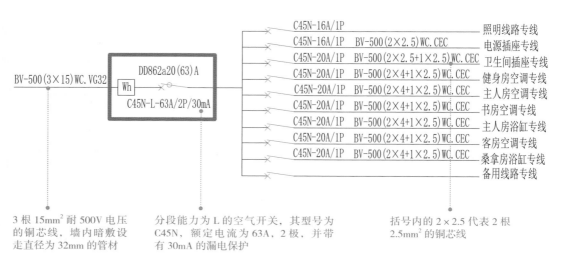

▲ 配电箱系统图纸

第2章
电路端口空间布设

　　电路端口通常指开关、强电插座、弱电插座等用于连接电器、灯具等设备的终端。电路端口的布设几乎涵盖到室内的每一处空间，包括厨房、卫生间、阳台、客厅、餐厅、卧室、书房以及玄关等处。

　　电路端口布设复杂、难度要求高的空间在厨房和卫生间，里面的电器等用电设备较多，功率较大；客厅、餐厅、卧室等空间内会涉及部分弱电的端口布设，如电视插座、网络线插座等。熟练掌握电路端口布设，可实现在现场更快速、准确地对各处空间的插座、开关等进行定位、画线等工作。同时，本章节内的电路端口布设图纸可直接应用于现场施工情景，结合现场实际情况，对照图纸进行各项插座、开关的具体定位。

2.1 厨房电路端口布设

（1）厨房平面图分析

长方形的厨房里，窗户设计在了左侧，排水管设计在了左上角，排烟管道设计在了右上角。在平面布局中，L形厨房将水槽设计在窗口，吸油烟机设计在排烟管道附近，而双开门的冰箱设计在右侧。空间内需要布设的电路端口有冰箱、水槽以及吸油烟机，同时需要预留备用插座用于微波炉、烤箱等电器。

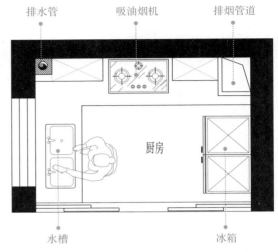

▲ 厨房平面图纸

（2）厨房立面图分析

厨房内除了推拉门的位置不能布设插座外，其他三面墙均需布设插座，具体位置与高度参看立面图纸。

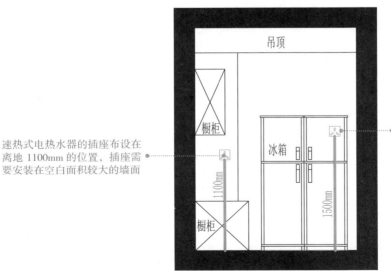

速热式电热水器的插座布设在离地 1100mm 的位置，插座需要安装在空白面积较大的墙面

冰箱插座布设在离地 1500mm 或 350mm 的位置，冰箱的正后面，离侧边墙 150mm 以上的距离

▲ 厨房立面图纸（一）

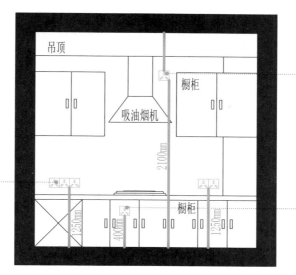

吸油烟机插座布设在离地2100mm的位置，靠近墙面的侧边，避开吸油烟机的安装位置

在离地1250mm的空白墙面上，需布设3~5个插座，分散摆放，留给烤箱、烧水壶等电器使用（插座需带有开关功能）

燃气灶下面布设一个插座，隐藏在橱柜里，离地400mm。若后期改为电器灶时可以使用

▲厨房立面图纸（二）

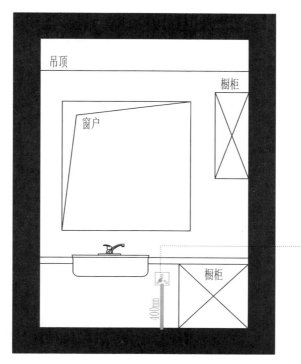

水槽下面的插座布设在橱柜里面，离地400mm的距离，用于净水器。插座位置布设在水槽的侧边，而不是在正下方

▲厨房立面图纸（三）

厨房电路端口布设数据

厨房各项用电设备、高度尺寸及布设位置如下表所示。

用电设备	距地高度 /mm	插座布设位置
吸油烟机	2100~2200	排烟管道在左面，插座布设在右面；若排烟管道在右面，插座布设在左面
微波炉	1800~1900	吊柜下侧
燃气热水器	1100~1200	热水器下方偏左或偏右
消毒柜	500	橱柜地柜嵌入
净水器	400~450	水槽下侧的橱柜内
垃圾处理器	400~450	水槽相邻的橱柜内
燃气灶带电磁炉	550	装放燃气灶的橱柜内
冰箱	450 或 1500	冰箱后侧的墙面中
备用电器插座	1100~1250	橱柜台面的上侧

2.2 卫生间电路端口布设

（1）卫生间平面图分析

　　长方形的卫生间内，格局布设为洗面盆、坐便器以及淋浴房。其中，需要布设插座的电器有坐便器、储水式热水器、镜前灯，需要预留一个备用插座，用于吹风机、刮胡刀等的使用。

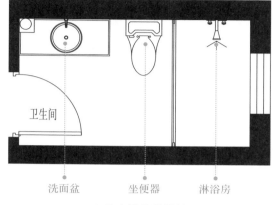

▲卫生间平面图纸

（2）卫生间立面图分析

　　卫生间墙面中的插座布设集中在坐便器和洗面盆的附近，需要选择带有开关功能和面罩的插座。具体布设参看立面图纸。

洗手柜靠近套装门一侧的墙面上，布设一个浴霸开关和一个备用插座，距离地面1200mm，距离门边150mm

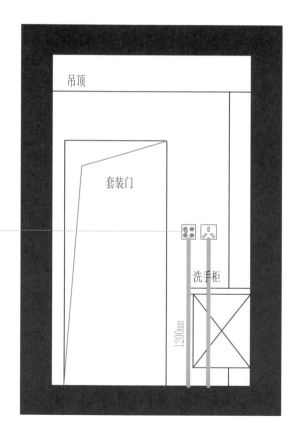

▶卫生间立面图纸（一）

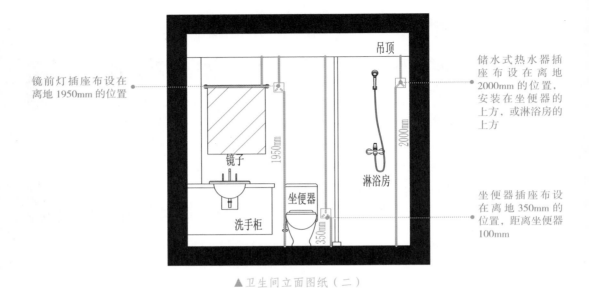

镜前灯插座布设在离地1950mm的位置

储水式热水器插座布设在离地2000mm的位置，安装在坐便器的上方，或淋浴房的上方

坐便器插座布设在离地350mm的位置，距离坐便器100mm

▲ 卫生间立面图纸（二）

小贴士　　卫生间电路端口布设数据

卫生间各项用电设备、高度尺寸及布设位置如下表所示。

用电设备	距地高度 /mm	开关、插座布设位置
浴霸照明开关	1200~1300	门口一侧
备用插座（吹风机、刮胡刀）	900~1200	洗手柜侧边墙面
镜前灯	1950~2100	墙面镜的左上方或右上方
智能坐便器	350~450	坐便器的侧边
储水式热水器	1800~2000	热水器左下方或右下方

2.3　阳台电路端口布设

（1）阳台平面图分析

　　阳台内需要布设洗衣机、拖把池以及洗衣池等设施，其中涉及电路布设的只有洗衣机，因此只要确定了洗衣机的位置，便确定了插座的布设位置。

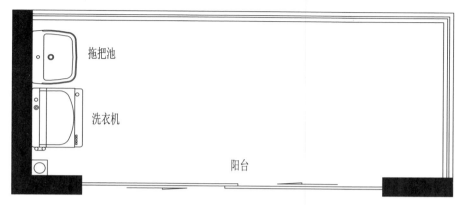

▲阳台平面图纸

（2）阳台立面图分析

查看阳台立面图纸，确定洗衣机的安装位置，然后布设洗衣机插座，具体细节参看阳台立面图纸。

洗衣机插座布设在离地 1200mm 的位置，靠近洗衣机的斜上方。若洗衣机设计为嵌入式的，上方有石材台面，则插座布设在离地 450mm 的位置

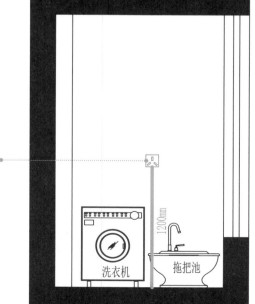

▶阳台立面图纸

阳台电路端口布设数据

阳台各项用电设备、高度尺寸及布设位置如下表所示。

用电设备	距地高度 /mm	开关、插座布设位置
洗衣机	1200 或 450	洗衣机斜上方或洗衣机正后方
智能升降晾衣架	2200~2300	靠近顶面以及晾衣架的墙面

2.4 客厅电路端口布设

（1）客厅平面图分析

　　从下图可以看出，接近正方形的客厅内，布设了三人座的组合沙发，两侧角几。在电视墙一侧，布设了壁挂式电视机，成品电视柜以及靠近推拉门一侧的柜机空调。里面需要布设插座的地方集中在电视墙和两侧角几的位置。

▲ 客厅平面图纸

（2）客厅立面图分析

客厅插座布设集中在电视墙和沙发墙，其中电视墙插座集中在电视机周围，沙发墙插座则分散布设在墙面的两侧。具体位置和尺寸参看客厅立面图纸。

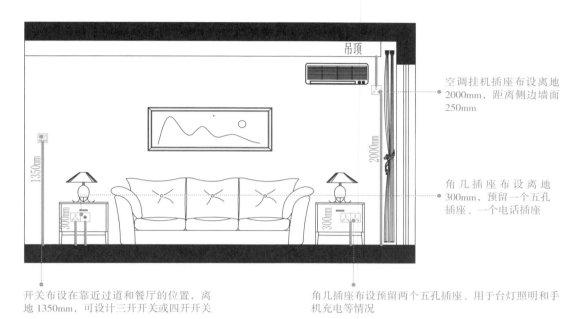

空调挂机插座布设离地2000mm，距离侧边墙面250mm

角几插座布设离地300mm，预留一个五孔插座、一个电话插座

开关布设在靠近过道和餐厅的位置，离地1350mm，可设计三开开关或四开开关

角几插座布设预留两个五孔插座、用于台灯照明和手机充电等情况

▲ 客厅立面图纸（一）

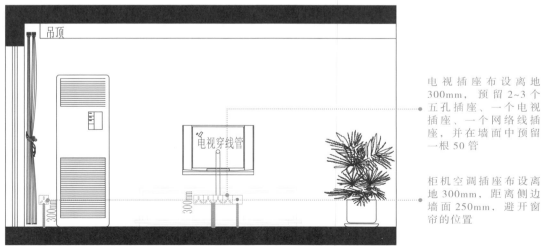

电视插座布设离地300mm，预留2~3个五孔插座、一个电视插座、一个网络线插座，并在墙面中预留一根50管

柜机空调插座布设离地300mm，距离侧边墙面250mm，避开窗帘的位置

▲ 客厅立面图纸（二）

小贴士	客厅电路端口布设数据

客厅各项用电设备、高度尺寸及布设位置如下表所示。

用电设备	距地高度 /mm	开关、插座布设位置
电视机	300 或 650	电视柜的后面或电视柜的上面
立式空调	300~450	摆放立式空调的侧边
挂式空调	2000~2200	靠近窗帘一侧，挂式空调的下面
角几备用插座（台灯、充电器等）	300 或 650	角几的后面或角几的上面
照明开关	1200~1350	客厅入口处墙面

2.5 餐厅电路端口布设

（1）餐厅平面图分析

从右图中可以看出，半敞开式的餐厅内，下侧的推拉门紧挨厨房，右侧的推拉门紧挨生活阳台。在上侧的墙体中设计了餐边柜。餐厅中间摆放一张六人座餐桌。空间内需要布设的插座集中在餐边柜墙面中，开关分别布设在两侧推拉门，一个控制厨房和餐厅的照明灯具，另一个单独控制生活阳台的照明灯具。

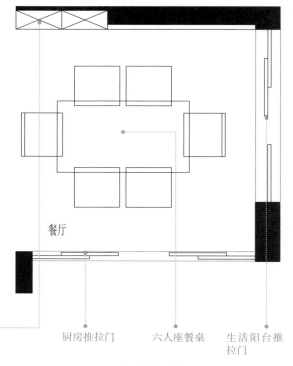

餐厅

餐边柜　厨房推拉门　六人座餐桌　生活阳台推拉门

▲ 餐厅平面图纸

（2）餐厅立面图分析

从下图中可以看出，餐边柜以及餐厅背景墙是集中布设插座的区域，在背景墙中安装电视，则需另外增加电视线和网络线。具体参看餐厅立面图纸。

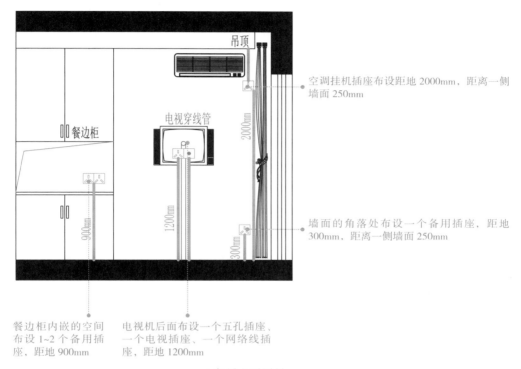

空调挂机插座布设距地 2000mm，距离一侧墙面 250mm

墙面的角落处布设一个备用插座，距地 300mm，距离一侧墙面 250mm

餐边柜内嵌的空间布设 1~2 个备用插座，距地 900mm

电视机后面布设一个五孔插座、一个电视插座、一个网络线插座，距地 1200mm

▲ 餐厅立面图纸

小贴士   **餐厅电路端口布设数据**

餐厅各项用电设备、高度尺寸及布设位置如下表所示。

用电设备	距地高度 /mm	插座布设位置
壁挂电视	1100~1200	壁挂电视的后面
挂式空调	2000~2200	挂式空调的下面
备用插座（餐边柜）	900~950	餐边柜的上面或内嵌

2.6 卧室电路端口布设

（1）卧室平面图分析

从右图可以看出，带有主卫的卧室内，衣柜布设在左侧靠近主卫的墙面，双人床布设了两个床头柜，电视墙布设了一个电视柜和壁挂式电视。空间内需要布设插座的位置集中在两侧床头柜和电视墙中，需要布设开关的位置集中在门口。

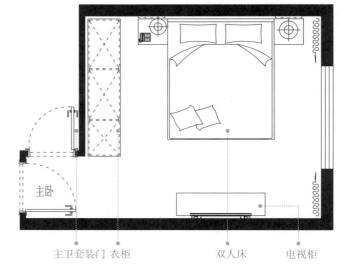

主卫套装门　衣柜　　　　双人床　　　电视柜

▲ 卧室平面图纸

（2）卧室立面图分析

从下图可以看出，卧室的电路端口布设，需要考虑双控开关、插座、网络线、电视线以及电话线的布设。其中，电视线和网络线布设在电视墙一侧，插座、开关以及电话线布设在床头墙一侧。具体参看卧室立面图纸。

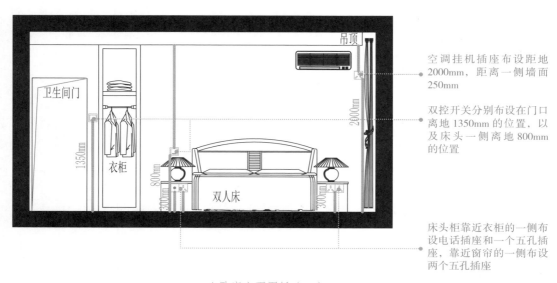

空调挂机插座布设距地2000mm，距离一侧墙面250mm

双控开关分别布设在门口离地1350mm的位置，以及床头一侧离地800mm的位置

床头柜靠近衣柜的一侧布设电话插座和一个五孔插座，靠近窗帘的一侧布设两个五孔插座

▲ 卧室立面图纸（一）

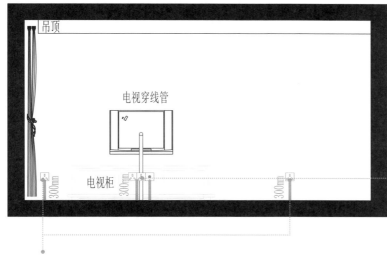

电视墙插座布设在电视机下面，距地 300mm，预留 1~2个五孔插座，一个网络线插座，一个电视插座

在电视墙的两侧，可选择性地布设两个五孔插座，距地300mm，作为备用插座

▲卧室立面图纸（二）

小贴士   **卧室电路端口布设数据**

卧室各项用电设备、高度尺寸及布设位置如下表所示。

用电设备	距地高度 /mm	开关、插座布设位置
电视机	300 或 650	电视柜的后面或电视柜的上面
挂式空调	2000~2200	挂式空调的下面
备用插座（床头柜）	300~650	床头柜的后面或上面
照明双控开关	1350、800	单控门口一侧；单控床头一侧
备用插座（落地灯）	300~450	窗帘一侧墙面或角落处

2.7 书房电路端口布设

（1）书房平面图分析

从右图可以看出，书房内布设了一个书桌、座椅，两个组合式的书柜。空间内需要布设插座的位置集中在书桌周围，开关则布设在门口，除去常用的插座之外，还需预留 1~2 个备用插座，用于落地灯等设备的使用。

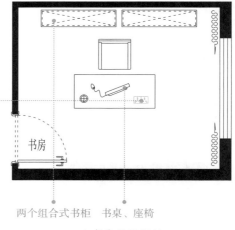

书桌的正下方布设 1~2 个地插，一个网络线插座

两个组合式书柜　书桌、座椅

▲ 书房平面图纸

（2）书房立面图分析

从下图可以看出，书房的墙面必须布设的插座只有空调挂机插座，但同时需要预留出几个备用插座，用于落地灯的照明以及其他功能。具体参看书房立面图纸。

开关布设距地 1350mm，距离门边 150mm

靠近右侧的墙边预留一个备用插座，距地 300mm，用于落地灯的照明

书柜侧边布设一个五孔插座，距地 300mm，用于书柜内部灯带的照明

空调挂机插座布设距地 2000mm，距离最近一侧的墙 250mm

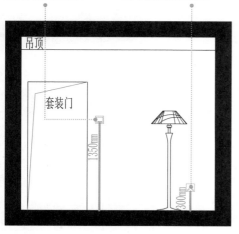

▲ 书房立面图纸（一）

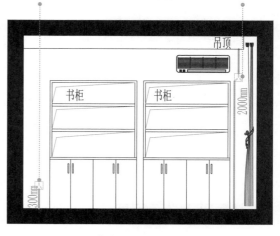

▲ 书房立面图纸（二）

小贴士　　　　　　　　**书房电路端口布设数据**

书房各项用电设备、高度尺寸及布设位置如下表所示。

用电设备	距地高度 /mm	开关、插座布设位置
书桌电脑、台灯插座	950~1100 或地插	紧挨书桌的墙面、地面
书柜照明插座	300~450	书柜的侧面
挂式空调	2000~2200	挂式空调的下面
照明开关	1200~1350	门口一侧
备用插座（落地灯）	300~450	角落处

2.8　玄关电路端口布设

（1）玄关平面图分析

从下图可以看出，玄关的下侧是三七开的入户门，左右两侧是通往过道的垭口，上侧是玄关端景，上面布设了一个端景柜。空间内需要布设插座的位置在端景柜一侧，需要布设的开关在入户门一侧，其余部分不需要布设电路。

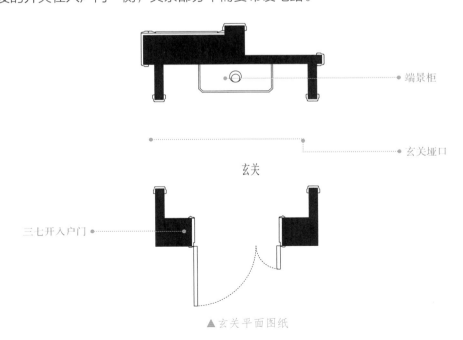

端景柜

玄关垭口

玄关

三七开入户门

▲玄关平面图纸

（2）玄关立面图分析

从下图可以看出，玄关的墙面中必须布设一组开关，用于控制玄关、过道以及客厅的照明灯具。同时可选择性地布设 1~2 个插座，用于台灯或其他照明设备使用。

插座布设在端景柜的侧边，距地 300mm 的位置，用于端景柜上的台灯照明

入户门侧边的墙面上布设一组开关，距地 1350mm，距离门框边缘 150mm，用于玄关、过道以及客厅的照明

▲ 玄关立面图纸（一）

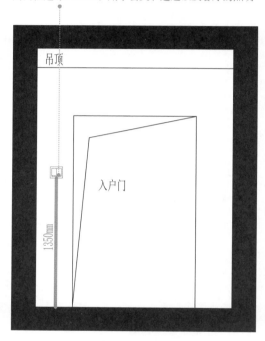

▲ 玄关立面图纸（二）

小贴士　　　　玄关电路端口布设数据

玄关各项用电设备、高度尺寸及布设位置如下表所示。

用电设备	距地高度 /mm	开关、插座布设位置
端景柜插座（台灯）	300~450	端景柜的侧边
照明开关	1200~1350	入户门口一侧

第 3 章
电工工具

　　电工工具是指电工在施工过程中所运用到的手动或电动工具，包括的种类很多，如电烙铁、电钻、万用表以及电工刀等。每种电工工具有着不同的用处，需要了解工具的基本特点、应用场景与使用技巧，并熟练掌握这些技能，并将其运用到具体的施工环节中。

3.1　电烙铁

　　电烙铁用于焊接电器元件或导线。在水电施工过程中，电烙铁用于焊接两根导线的接线端，通过焊锡之后使得导线接头更紧密，避免导线电流过大而发热，发生烧毁等情况，延长导线的使用寿命。

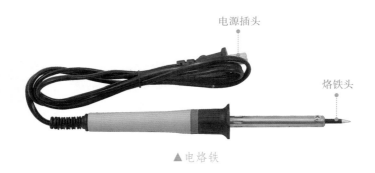

▲电烙铁

　　① 电烙铁加热温度控制在360~400℃之间。新买的设备控制在350℃左右。
　　② 电烙铁达到设定温度后，指示灯会闪烁，此时可以给电烙铁加锡。
　　③ 电烙铁不能磕碰。手柄中的发热芯片，很容易因敲击而损坏。
　　④ 加热过程中的烙铁头不要触碰到塑胶、橡胶等化合物。
　　⑤ 每次使用后，要将烙铁头加上锡，然后放在烙铁架上。这种做法可保护烙铁头不被氧化。

3.2　万用表

　　万用表是测量仪表，通常用来测量电压、电流和电阻。在家庭中主要是检测开关、线路以及检验绝缘性能是否正常。万用表按照显示方式分为指针万用表和数字万用表。

（1）指针万用表

　　指针万用表的刻度盘上共有七条刻度线，从上往下分别是：电阻刻度线、电压电流刻度线、10V 电压刻度线、晶体管 β 值刻度线、电容刻度线、电感刻度线及电平刻度线。

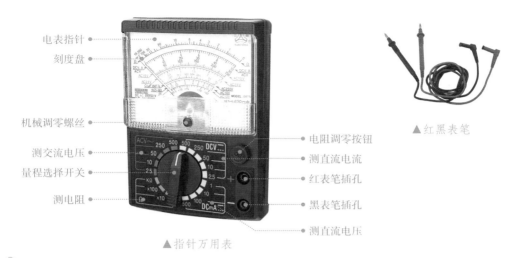

电表指针
刻度盘

机械调零螺丝

测交流电压
量程选择开关

测电阻

电阻调零按钮
测直流电流
红表笔插孔
黑表笔插孔
测直流电压

▲ 红黑表笔

▲ 指针万用表

 使用技巧

① 红色表笔接到红色接线柱或标有 "+" 极的插孔内，黑色表笔接到黑色接线柱或标有 "—" 极的插孔内。

② 两表笔不接触断开，看指针是否位于 "∞" 刻度线上，如果不位于 "∞" 刻度线上，需要调整。

③ 将两支表笔互相碰触短接，观察 "0" 刻度线，表针如果不在 "0" 位，需要机械调零。

（2）数字万用表

数字万用表的数值读取比较简单，选择相应的量程后，显示屏上的数字即为测量的结果。

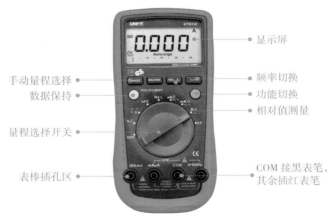

手动量程选择
数据保持

量程选择开关

表棒插孔区

显示屏

频率切换

功能切换

相对值测量

COM 接黑表笔，其余插红表笔

▲ 数字万用表

35

（3）钳形万用表

钳形表万用表，是集电流互感器与电流表于一身的仪表，是一种不需断开电路就可直接测电路交流电流的携带式仪表。

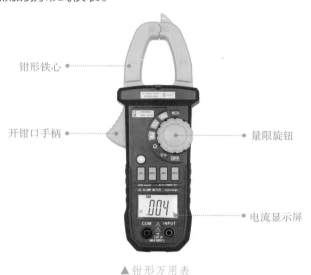

▲ 钳形万用表

3.3 兆欧表

兆欧表又称摇表，主要用来检查电气设备的绝缘电阻，判断设备或线路有无漏电，判断是否有绝缘损坏或短路现象。

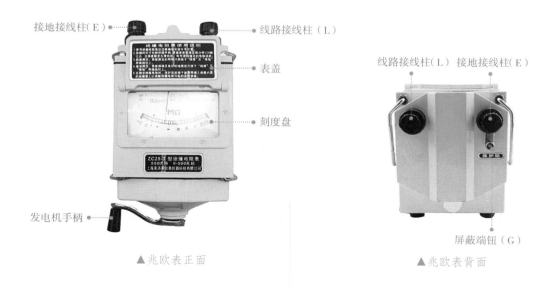

▲ 兆欧表正面　　　　　　　　　　　　　　▲ 兆欧表背面

**使用技巧**

① 测量前必须将被测设备电源切断，并对地短路放电。绝不能让设备在带电的情况下进行测量，以保证人身和设备的安全。对可能感应出高压电的设备，必须消除这种可能性后，才能进行测量。

② 测量前应将兆欧表进行一次开路和短路试验，检查兆欧表性能是否良好。即在兆欧表未接上被测物之前，摇动手柄使发电机达到额定转速(120r/min)，观察指针是否指在标尺的"∞"位置。将接线柱"L"和"E"短接，缓慢摇动手柄，观察指针是否指在标尺的"0"位。如指针不能指到正确的位置，表明兆欧表有故障，应检修后再用。

③ 摇测时将兆欧表置于水平位置，手柄转动时其端钮间不许短路。摇动手柄应由慢渐快。若发现指针指零，说明被测绝缘物可能发生了短路，这时就不能继续摇动手柄，以防表内线圈发热损坏。

④ 读数完毕后应将被测设备放电。放电方法是将测量时使用的地线从兆欧表上取下来与被测设备短接一下即可(不是兆欧表放电)。

3.4 测电笔

测电笔，简称电笔，用来测试导线中是否带电，可分为数显测电笔和氖气测电笔两种。

（1）数显测电笔

数显测电笔属于电工电子类工具，数显测电笔笔体带 LCD 显示屏，可以直观读取测试电压数字。

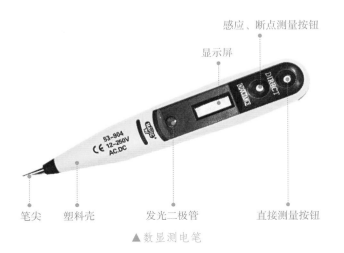

▲ 数显测电笔

① 轻触感应、断点测量按钮，测电笔金属前端靠近被检测物，若显示屏出现高压符号表示物体带交流电。

② 测量断开的导线时，轻触感应、断点测量按钮，测电笔金属前端靠近该导线的绝缘外层，有断线现象，则断点处的高压符号消失。利用此功能可方便地分辨零、相线（测并排线路时要增大线间距离）。检测微波的辐射及泄漏情况等。

（2）氖气测电笔

氖气测电笔中笔尖、笔尾为金属材料制成，笔杆为绝缘材料制成。笔体中有一氖泡，测试时如果氖泡发光，说明导线有电或为通路的火线。

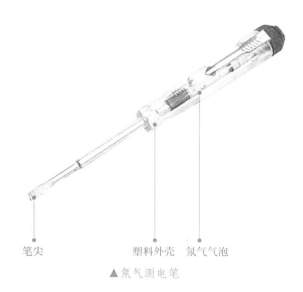

笔尖　　　　　　　塑料外壳　氖气气泡

▲氖气测电笔

使用氖气试电笔时，一定要用手触及试电笔尾端的金属部分。否则，因带电体、试电笔、人体与大地没有形成回路，试电笔中的氖泡不会发光，造成误判，认为带电体不带电。

3.5 扳手

扳手是一种常用的安装与拆卸工具。它是利用杠杆原理拧转螺栓、螺钉、螺母和其他螺纹，紧持螺栓或螺母的开口或套孔固件的手工工具。

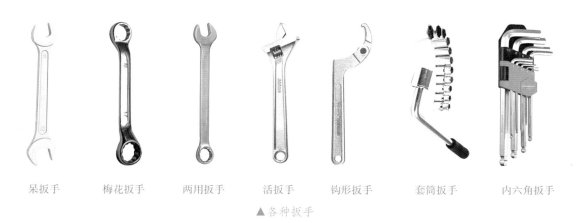

| 呆扳手 | 梅花扳手 | 两用扳手 | 活扳手 | 钩形扳手 | 套筒扳手 | 内六角扳手 |

▲ 各种扳手

3.6 电工刀

电工刀是电工常用的一种切削工具，用来削切导线，可完成连接导线的各项操作。普通的电工刀由刀片、刀刃、刀把以及刀挂等构成。不用时，刀片可收缩到刀把内。

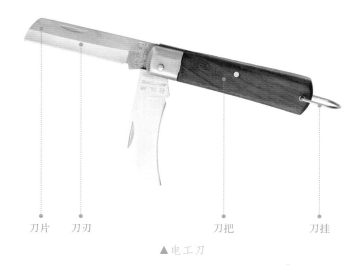

刀片　刀刃　　　　刀把　　　　刀挂

▲ 电工刀

3.7　螺丝刀

螺丝刀是用来拧转螺丝钉迫使其就位的工具，通常有一个薄楔形头，可插入螺丝钉头的槽缝或凹口内。

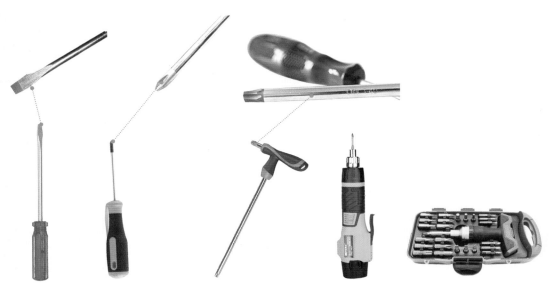

▲一字螺丝刀　　▲十字螺丝刀　　　▲梅花形螺丝刀　　　▲电动螺丝刀　　　▲组合螺丝刀

3.8　电工钳

电工钳是一种用于夹持、固定加工工件或者扭转、弯曲、剪断金属丝线的手工工具。钳子的外形呈 ∨ 形，通常包括手柄、钳腮和钳嘴三个部分。钳的手柄依据持形式而设计成直柄、弯柄和弓柄三种式样。

▲弯嘴钳　　　　　▲圆嘴钳　　　　　▲尖嘴钳　　　　　▲钢丝钳　　　　　▲扁嘴钳

▲ 顶切钳

▲ 斜嘴钳

▲ 针嘴钳

▲ 花鳃钳

3.9　激光水平仪

激光水平仪是一款家用装修工具，用于测量室内墙体、地面等位置的水平度和垂直度，可矫正室内空间的水平。

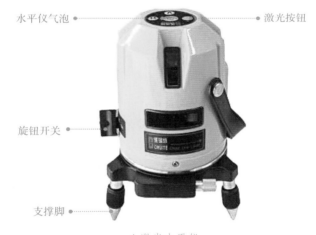

水平仪气泡　　　　　　　　　　　　　　　　激光按钮

旋钮开关

支撑脚

▲ 激光水平仪

①测量时使水平仪工作面紧贴在被测表面，待气泡完全静止后方可进行读数。
②为避免由于水平仪零位不准引起的测量误差，因此在使用前必须对水平仪的零位进行校对或调整。

3.10　水平尺

水平尺主要用来检测或测量水平和垂直度，既能用于短距离测量，又能用于远距离的测量。它解决了水平仪狭窄地方测量难的缺点，且测量精确、携带方便，分为普通款和数显款。

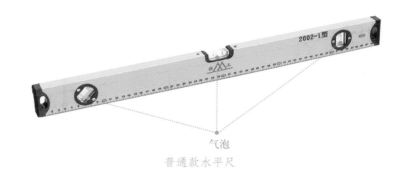

气泡

普通款水平尺

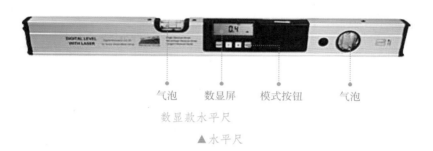

气泡　　数显屏　　模式按钮　　气泡

数显款水平尺

▲水平尺

3.11　开槽机

　　开槽机，又称水电开槽机、墙面开槽机，主要用于墙面的开槽作业，一次操作就能开出施工需要的线槽，机身可在墙面上滚动，且可通过调节滚轮的高度控制开槽的深度与宽度。

保护罩

主手柄

电机　　深度调节　　辅助手柄　　刀具　　散热孔

▲开槽机

①根据施工要求和布线图，调节刀具的宽度和深度，达到标准后，再开始开槽作业。

②开槽机在开槽过程中，必须匀速推动，切记过快会损坏刀具以及发动机。

3.12 电锤

电锤主要用来在混凝土、楼板、砖墙和石材上钻孔，孔距直径可达 6~10mm。电锤是利用底部电机带动两套齿轮结构，一套实现钻的功能，而另一套则带动活塞，犹如发动机液压冲程，产生强大的冲击力，增加钻孔的威力。这种工作原理类似于锤子敲击的效果，故名电锤。

夹头　　辅助手柄　功能转换按钮　无级变速开关　　　　主手柄

▲电锤

①作业时应使用辅助手柄，双手操作，防止堵转时反作用力扭伤胳膊。

②长期作业后钻头处在灼热状态，在更换时应注意不要灼伤皮肤。

③操作者要戴好防护眼镜，以保护眼睛，当面部朝上作业时，要戴上防护面罩。

3.13 电镐

电镐是以单相串励电动机为动力的双重绝缘手持式电动工具，用电机带动甩动的甩砣做弹跳形式运行，使镐头产生凿击的效果。与电锤不同的是，电镐只产生凿击的效果，并不带有转动的功能。

镐头　　辅助手柄　　　　　　　　无级变速开关　　　　　绝缘塑料把手

▲ 电镐

①当电镐很长时间没有使用或在寒冷的季节时，在使用前，应当让其在无负荷下运转几分钟以加热工具。

②当凿头凿进墙壁或任何可能埋藏导线的地方时，绝不可触摸电镐的任何金属部位。握住电镐的绝缘塑料把手或辅助手柄以防凿到埋藏的导线而发生触电。

3.14 手电钻

手电钻是利用电做动力的钻孔工具，具有能钻不能冲的特点。手电钻只具备旋转方式，适合用于需要很小力的材料上钻孔，如砖、瓷砖、软木等。手电钻只凭靠电机带动传动齿轮加大钻头钻动的力量，使钻头在砖、瓷砖等材料上做刮削形式的洞穿。

| 自锁夹头 | 正反转按钮 | 启停按钮 | 主手柄 |

▲ 手电钻

使用技巧

①手电钻在钻较大孔眼时，预先用小钻头钻穿，然后再使用大钻头钻孔。

②如需长时间在金属上钻孔时，可采取一定的冷却措施，以保持钻头的锋利。

③在金属材料上钻孔时，首先应该在钻孔位置冲眼打样，然后匀速慢钻，如果转速过快，容易烧坏钻头。

3.15　冲击钻

　　冲击钻依靠旋转和冲击来工作，主要适用于在混凝土地面、墙壁、砖块以及石料等材料上进行冲击打孔。冲击钻是利用内轴上的齿轮相互跳动来实现冲击效果，冲击力不如电锤，但对作业面的破坏影响也相对较小，适合钻直径较小的孔。

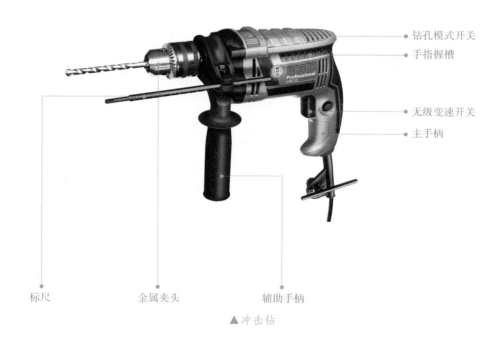

钻孔模式开关

手指握槽

无级变速开关

主手柄

标尺　　　　　　　金属夹头　　　　　　辅助手柄

▲冲击钻

 使 用 技 巧

　　①装夹钻头用力适当，使用前应空转几分钟，待转动正常后方可使用。
　　②钻孔时应使钻头缓慢接触工作，不得用力过猛，以免折断钻头、烧坏电机。
　　③中途更换新钻头，沿原孔洞进行钻孔时，不要突然用力，以防止折断钻头而发生意外。
　　④在干燥处使用冲击钻，严禁戴手套，防止钻头绞住而发生意外；在潮湿的地方使用电钻时，必须站在橡皮垫或干燥的木板上作业，以防止触电。

第 4 章

电路施工预算

　　电路施工预算是涵盖施工技术人员工价、电路材料价格以及工程量计算等多方面内容的预算统称。掌握电路施工预算需要先了解施工费用的计算规则与方法，再结合当地的施工人员工价、电路材料价格以及具体的工程量来计算得出电路施工预算总费用。

4.1 电路施工费用计算规则与方法

电路施工费用的支出主要分两部分，一部分是施工技术人员的工价，另一部分是电路施工所用材料的价钱。关于施工技术人员的工价计算规则有两种方式，一种是按照平方米收费；即工价为 ×× 元 $/m^2$；另一种是按照施工技术人员数量计算，即工时计算法，每人每天 ×× 元。关于第二种工时的计算法，已经越来越少，因为这种费用计算规则会导致施工效率低下等弊端。

关于电路材料价钱的计算规则，需要了解各种电路材料的市场价格和房屋内电路材料的使用数量。以 $1.5mm^2$ 导线为例，每匝 100m。而室内所有的照明都需要使用 $1.5mm^2$ 导线，通过计算得出室内照明导线使用米数为 X，若 X 数值在 100m 以内，则买 1 匝导线就可以；若 X 数值在 100~200m 之间，则需要买 2 匝导线。以此类推，可得出其他电路材料的够买数量。

电路施工费用计算公式如下。

（1）电工工价计算方法

假设待施工的室内面积为 $120m^2$，电工收费为 35 元 $/m^2$。则计算公式如下：

120（室内面积）×35（电工每平方米收费）=4200（元）（总价钱）

（2）材料价钱计算方法

为了便于计算，假设电路施工只用到 $2.5mm^2$ 导线、PVC 穿线管和 90° 弯头三种材料。其中，$2.5mm^2$ 导线需要 240m，每匝导线 100 元，PVC 穿线管（长度 2.8m）需要 260m，每根穿线管 4 元，90° 弯头需要 40 个，每个弯头 1 元。则计算公式如下：

3（导线匝数，每匝100m）×100+260/2.8（穿线管数量）×4+40（弯头数量）×1≈712（元）（总价钱）

4.2 施工技术人员工价参考

因地域、时间的不同，电工工价并没有完全统一的标准。地域上的区别主要体现在城市的规模和所在省份，如一线城市和三线城市的工价差别很大，而南方省份和北方省份因技术特点的不同，工价没有可比性。

时间上的变化对电工工价涨幅的影响更大，以 2015 年为例，单年的涨幅比例超过了 15%，每平方米的工价上涨了 2~3 元。了解以上存在的变量，可对参考电工工价有更好的帮助。

电工工价参考表

以北方市场为参考对象，电工工价具体表格如下。

城　市	电工工价 /（元 / m²）
一线城市	38~45
二线城市	28~35
三四线城市	10~15
五线城市	8~13

4.3　电路材料价格参考

电路材料主要分三个大类，分别是导线类、管材类以及空开类材料。其中，导线类材料又细分为强电导线和弱电导线，强电导线随着导线横截面积的增加，价格也随之增加；弱电导线主要为网络线、网视一体线以及电话线等，彼此之间价格差异不大，没有可比性。

管材类材料细分为 PVC 穿线管、PVC 穿线管配件、波纹软管以及暗盒等，使用最多的材料是 PVC 穿线管以及暗盒，波纹软管以及黄蜡管只在局部使用，其价格均按照每根售价，很少按米数售价。

空开类材料包括了开关、插座以及不同型号的空开。其中，开关、插座因市场中设计样式的不同，其价格也有较大差异；不同型号的空开价格则差异不大。

电路常用材料以及价格参考如下表所示。

电路材料		参考单价
强电类	1.5mm² 单芯铜导线（红、黄、蓝、绿、双色）	95~180 元 / 匝（100m）
	2.5mm² 单芯铜导线（红、黄、蓝、绿、双色）	200~280 元 / 匝（100m）
	4mm² 单芯铜导线（红、黄、蓝、绿、双色）	380~450 元 / 匝（100m）
	6mm² 单芯铜导线（红、黄、蓝、绿、双色）	560~630 元 / 匝（100m）
	10mm² 多股铜导线（红、黄、蓝、绿、双色）	850~1100 元 / 匝（100m）
弱电类	网络线（超五类阻燃、带屏蔽）	55~85 元 / 匝（100m）
	网视一体线（四芯带屏蔽）	70~120 元 / 匝（100m）
	电话线（两芯）	25~50 元 / 匝（100m）
	音频线（两芯）	80~150 元 / 匝（100m）
PVC 穿线管		3~14.5 元 / 根（2.8m）
PVC 穿线管配件（直接、弯头、三通、四叉连盒）		0.5~1.5 元 / 个
波纹软管		25~45 元 / 捆（100m）
黄蜡管		5~10 元 / 卷（10m）
暗盒（86 型、118 型、120 型）		1~4.5 元 / 个

电路材料	参考单价
绝缘胶带	3~6 元 / 个
防水胶带	5~8 元 / 个
空气开关（16A、25A、50A、63A）	45~80 元 / 个
开关（单开单控、双开双控、多开多空）	11~75 元 / 个
插座（五孔、九孔、带开关、弱电）	10~70 元 / 个

4.4　工程量计算规则与方法

　　电路工程量是指施工技术人员在室内进行电路施工所涉及的所有电路相关材料用量、施工操作等内容。通常来讲，电路工程量可通过现场实际测量得出，即使用卷尺、米尺等工具，在室内测量出导线的米数、管材的长度以及配件的数量等。这种方法对初学者来说容易出现漏加或过加等问题，且操作麻烦，效率低下。

　　电路工程量的计算核心是项目施工长度，其中最具代表性的是导线的总长度。因此，只要通过一定的公式计算出导线的米数，电路工程量也就自然得出了。

　　首先确定入户门口到各个功能区（主卧室、次卧室、儿童房、客厅、餐厅、主卫、客卫、厨房、阳台、走廊）最远位置的距离。把上述距离量出来，有 Am、Bm、Cm、Dm、Em、Fm、Gm、Hm、Im、Jm 共 10 个结果。然后确定各功能区灯的数量（各功能区同种辅灯统一算一盏）、各功能区插座数量、各功能区大功率电器数量（没有用 0 表示）。

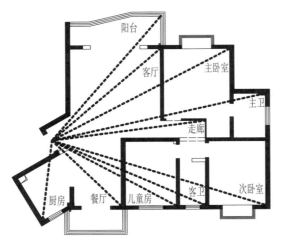

▲ 各功能区距离测试图

① 1.5mm² 导线长度计算公式。1.5mm² 导线用于连接开关以及照明灯具，其计算公式如下所示。

1.5mm²导线总长度=[（A+5m）×主卧室灯数+(B+5m)×次卧室灯数+(C+5m)×儿童房灯数+(D+5m)×客厅灯数+(E+5m)×餐厅灯数+(F+5m)×主卫灯数+(G+5m)×客卫灯数+(H+5m)×厨房灯数+(I+5m)×阳台灯数+(J+5m)×走廊灯数]×2

② 2.5mm² 导线长度计算公式。2.5mm² 导线用于连接各处空间的强电插座，其计算公式如下所示。

2.5mm²导线总长度=[（A+2m）×主卧室插座数+(B+2m)×次卧室插座数+(C+2m)×儿童房插座数+(D+2m)×客厅插座数+(E+2m)×餐厅插座数+(F+2m)×主卫插座数+(G+2m)×客卫插座数+(H+2m)×厨房插座数+(I+2m)×阳台插座数+(J+2m)×走廊插座数]×3

③ 4mm² 导线长度计算公式。4mm² 导线主要用于大功率电器设备的连接，其计算公式如下所示。

4mm²导线总长度=[（A+4m）×主卧室大功率电器数量+(B+4m)×次卧室大功率电器数量+(C+4m)×儿童房大功率电器数量+(D+4m)×客厅大功率电器数量+(E+4m)×餐厅大功率电器数量+(F+4m)×主卫大功率电器数量+(G+4m)×客卫大功率电器数量+(H+4m)×厨房大功率电器数量+(I+4m)×阳台大功率电器数量+(K+4m)×走廊大功率电器数量]×3

通过上述计算公式所得出 1.5mm² 导线总长度、2.5mm² 导线总长度以及 4mm² 导线总长度，将三类导线总长度的数值相加，便得出了电路工程量的项目施工长度。其计算公式如下所示。

电路工程量施工长度=1.5mm²导线总长度+2.5mm²导线总长度+4mm²导线总长度

4.5 电路施工费用预算表

电路施工费用预算表总的划分为两部分，一部分是施工技术人员的工价，这部分的计算方式较为简单；另一部分是电路各种材料的用量以及价格总和。

电路施工费用预算表的核算方式有两种，一种是在现场实际测量工程量，通过测量出的面积、材料用量来计算出人工费和材料费，这种方式的准确度较高，但相对比较麻烦，且不适合前期的沟通；另一种方式是通过核算施工图纸中的面积、材料用量来计算出人工费和材料费，完成预算表。本书采用第二种方式，结合施工图来制作电路费用预算表，并总结出材料用量估算方法，以便更好地掌握预算表的计算公式。

▲ 三室两厅平面布置图

如上图所示，在该户型内分布着一个客厅、一个餐厅、两个卧室、一个书房、一个衣帽间、一个厨房、两个卫生间以及两个阳台。电路施工遍及每一个空间，需要布线、布管，预留照明以及插座线路等。其中，电路施工复杂区域集中在客厅以及主卧附近，需要布设强电与弱电。制作电路预算时，需对户型图内各个空间的照明布置、强弱电布置掌握清楚，然后根据户型图内的尺寸制作预算表。以此为例，电路施工费用预算表如下。

序 号	名 称	参考单价	数 量	合 计	备 注
1	PVC 穿线管（4 分管）	10 元 / 根	35 根	350 元	阻燃 PVCϕ16 管排设，含束接、配件
2	照明线	100 元 / 匝	2 匝	200 元	BV1.5mm^2 铜芯线
3	插座线	260 元 / 匝	2 匝	520 元	BV2.5mm^2 铜芯线
4	插座线	280 元 / 匝	1 匝	280 元	BV2.5mm^2 双色铜芯线
5	空调及厨卫大功率设备线	410 元 / 匝	1 匝	410 元	4.0mm^2 铜芯线
6	双频电视线	75 元 / 半匝	半匝	75 元	有线电视线
7	电话线	45 元 / 半匝	半匝	45 元	四芯电话线
8	电脑网络线	80 元 / 半匝	半匝	80 元	八芯网络线
9	音响线	150 元 / 半匝	半匝	150 元	音频线
10	灯线软管	8 元 /m	50m	400 元	灯头专用金属软管
11	灯头盒	4 元 / 个	20	80 元	含八角线盒
12	暗盒（86 型、110 型）	5 元 / 个	60 个	300 元	拼接暗盒
13	空气开关（1P+N、2P）	60 元	6 个	360 元	带漏电保护
14	胶带（绝缘、防水）	5 元	4 个	20 元	具备绝缘或防水功能
15	开关面板	55 元	25 个	1375 元	单开、双开、四开、双开双控
16	插座面板	45 元	35 个	1575 元	五孔、九孔、带开关插座
17	杂项	300 元 / 项	1 项	300 元	其他辅助材料
18	人工费	45 元 / ㎡	120 ㎡	5400 元	
合计				11920 元	

第 5 章
识别管线

电路的主要施工材料是导线和管材，识别导线和管材的重点在于了解每种材料的外形结构、特点、种类以及应用场景。导线类分为强电导线和弱电导线，强电导线的线芯结构基本一致，但导线平方数（粗细）不同；弱电导线的线芯结构不同，如网络线和电视线，内部结构完全不同，因此识别较为容易。

管材分类有 PVC 穿线管、软管以及黄蜡管等，这三种材料外形不同，软管和黄蜡管相似，管体都很柔软。连接管材的有暗盒等配件，用于连接端口，作为开关、插座的背板等作用。

5.1 塑铜线的种类

塑铜线，就是塑料铜芯导线，全称铜芯聚氯乙烯绝缘导线。一般包括 BV 导线、BVR 软导线、RV 导线、RVS 双绞线、RVB 平行线。

| 小贴士 | **家用导线常用符号的意义** |

B 代表类别。属于布导线，所以开头用 B。

V 代表绝缘。PVC 聚氯乙烯，也就是塑料，指外面的绝缘层。

R 代表线的软硬程度。导体的根数越多，导线越软，所以 R 开头的型号都是多股线。S 代表对绞。

塑铜线的种类

型 号	图 片	名 称	用 途
BV		铜芯聚氯乙烯塑料单股硬线，是由 1 根或 7 根铜丝组成的单芯线	固定线路敷设
BVR		铜芯聚氯乙烯塑料软线，是 19 根以上铜丝绞在一起的单芯线，比 BV 软	固定线路敷设
RVVB		铜芯聚氯乙烯硬护套线，由两根或三根 BV 线用护套套在一起组成的	固定线路敷设
RV		铜芯聚氯乙烯塑料软线，是由 30 根以上的铜丝绞在一起的单芯线，比 BVR 更软	灯头或移动设备的引线

续表

图 示	名 称	电流要求	位置要求
RVV		铜芯聚氯乙烯软护套线，由两根或三根 RV 线用护套套在一起组成的	灯头或移动设备的引线
RVS		铜芯聚氯乙烯绝缘绞型连接用软导线，两根铜芯软线成对扭绞无护套	灯头或移动设备的引线
RVB		铜芯聚氯乙烯平行软线、无护套平行软线，俗称红黑线	灯头或移动设备的引线

小贴士　　　　**辨别塑铜线的真假**

① 用火烧。假的塑铜线用火烧会迅速燃烧，有明火并冒出浓烟，有刺激性的味道；真的塑铜线燃烧慢，有少量烟或无烟，没有明火。

② 看绝缘皮层上的标识。如导线的规格型号、3C 认证等，应字迹清晰，一般水洗不掉，更擦不掉。其次，在导线圈中有合格证，合格证上有厂家地址、电话、3C 标志以及质量体系认证等，还有电压、导线型号等标记。而这些在假的塑铜线上则没有或者缺失。

③ 看铜芯质感。合格的塑铜线铜芯质感越光亮，说明铜质越好，并且光度均匀、有光泽。可削掉一小段塑料外皮，仔细查看里面的铜丝，用掌心轻触铜芯的顶端，应无刺痛感，且平滑手感柔软。而伪劣的塑铜线铜芯为紫黑色、偏黄或偏白，杂质多，机械强度差，韧性不足，稍用力即会折断，而且塑铜线内常有断线现象。检查的方法是，把塑铜线的一头剥开 2cm，然后用一张白纸在铜芯上搓一下，如果白纸上有黑色物质，说明铜芯内的杂质比较多，铜芯的质量较差。

5.2　识别导线的横截面积

　　家用塑铜线的型号主要有两种，一种是单股铜芯线（BV），另一种是多股铜芯软线（BVR）。其中 $4mm^2$ 以及 $4mm^2$ 以下的塑铜线多为单股铜芯线（BV），而 $6mm^2$ 以及 $10mm^2$ 的塑铜线多为多股铜芯软线（BVR）。具体规格以及用途如下表所示。

型　号	规格 /mm²	用　途
BV、BVR	1.5	照明、插座连接线
	2.5	空调、插座用线
	4	热水器、立式空调用线
	6	中央空调、进户线
	10	进户总线

　　家用塑铜线（BV、BVR）功率表如下表所示。

截面积 /mm²	电压（220V）	电压（380V）
1.5（19A）	4200W	9500W
2.5（26A）	5800W	13000W
4（34A）	7600W	17000W
6（48A）	10000W	22000W
10（65A）	13800W	31000W

　　注：表中带括号的数值为额定电流。

5.3 识别电视线

电视线是传输视频信号（VIDEO）的电缆，同时也可作为监控系统的信号传输线。电视分辨率和画面清晰度与电视线有着较为密切的关系，电视线的线芯为纯铜或者铜包铝，以及外屏蔽层铜芯的绞数，都会对电视信号产生直接的影响。

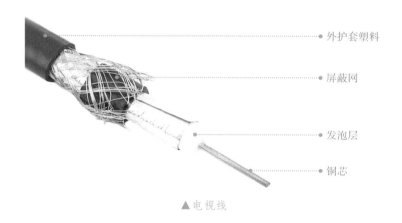

外护套塑料

屏蔽网

发泡层

铜芯

▲电视线

小贴士　　　　　　辨别电视线的优劣

① 看发泡层。电视线最核心的技术其实是包裹铜芯的白色发泡层，它承担着屏蔽杂波信号的主要任务。一般采用注氮发泡聚乙烯（PE），发泡率较高且均匀。辨别发泡层好坏的方法有两种，一种是用手捏、掐，发泡优良的坚硬光滑，质量差的一捏就扁；另一种是看颜色，白色纯净的为优质聚乙烯，差的一般颜色发暗并且有细小的孔。

② 看铜芯。一看铜芯粗细，线径国标为 1mm，稍差的为 0.7mm；二看铜的颜色，铜芯纯度越高，铜色越亮。传输速率达 82%，稍差的 < 60%。

③ 看屏蔽网。编织网要紧密，覆盖完全。而较差的电视线剥开外护套，可以看到其结构松散，完全达不到所标称的 96 编、112 编或 128 编。好的屏蔽覆盖率可达 90%，稍差的 < 60%。

④ 看外护套塑料。好的电视线采用优质聚乙烯，用手是撕不动的。差的电视线往往用手可以轻易撕开。

5.4　识别电话线

电话线就是电话的进户线，连接到电话机上才能打电话，分为 2 芯和 4 芯。导体材料分为铜包钢线芯、铜包铝线芯以及全铜线芯三种，具体特点如下表所示。

名　称	图　片	特　点
铜包钢线芯		线比较硬，不适合用于外部扯线，容易断芯。但是可埋在墙里使用，只能近距离使用
铜包铝线芯		线比较软，容易断芯。可以埋在墙里，也可以墙外扯线
全铜线芯		线软，可以埋在墙里，也可以墙外扯线，可以用于远距离传输使用

5.5　识别网络线

网络线是连接电脑网卡和 ADSL Modem 或者路由器或交换机的电缆线。通常分为 5 类双绞线、超 5 类双绞线和 6 类双绞线，具体特点如下表所示。

名　称	图　片	特　点
5 类双绞线		表示为 CAT5，带宽 100Mbps，适用于百兆以下的网络

续表

名 称	图 片	特 点
超 5 类双绞线	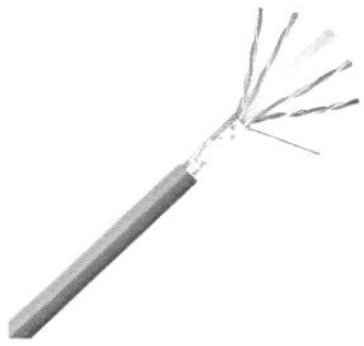	表示为 CAT5e，带宽 155Mbps，为目前的主流产品
6 类双绞线		表示为 CAT6，带宽 250Mbps，用于架设千兆网

5.6 识别光纤

光纤是光导纤维的简写，是一种由玻璃或塑料制成的纤维，可作为光传导工具。因为光纤的传导效率更高，在家庭使用中，常用来作为网络线使用。

◀光纤

小贴士　　　　　　　　　　　　**辨别光纤的真假**

看外型粗细。家庭常用的光纤为皮线光纤，如果看到的线是一根圆形的，直径大约为 6mm，那么基本断定为铜芯网络线。如果看到的是一根扁平的线，样子像两根细线叠在一起的，那么就是皮线光纤。

5.7　识别音频线

音频连接线，简称音频线，是用来传输电声信号或数据的线。广义的分区为电信号和光信号两大类。

▲ 音频线

5.8　暗盒的类型

暗装底盒简称暗盒，原料为 PVC，安装时需预埋在墙体中，安装电器的部位与线路分支或导线规格改变时就需要安装暗盒。导线在盒中完成穿线后，上面可以安装开关、插座的面板。暗装底盒通常分为三种，具体型号如下表所示。

型号	种类	图片	尺寸	面板
86型	单暗盒、双联暗盒		标准尺寸为 86mm×86mm ，非标尺寸有 86mm×90mm、100mm×100mm 等	匹配86型开关、面板
118型	四联盒、三联合、单盒		标尺寸为 118mm×74mm， 非标尺寸有 118mm×70mm、118mm×76mm 等。另外还有 156mm×74mm、200mm×74mm 等多位联体暗盒	匹配118型开关、面板
120型	大方盒、小方盒		标准尺寸为 120mm×74mm，还有 120mm×120mm 等	匹配120型开关、插座

5.9 穿线管的种类

穿线管全称"建筑用绝缘电工套管"。通俗地讲是一种白色的硬质 PVC 胶管，是可防腐蚀、防漏电，穿导线用的管子。PVC 电工穿线管的常用规格如下表所示。

规格（ϕ 代表直径）	用 途
ϕ16、ϕ20	室内照明
ϕ25	插座或室内主线
ϕ32	进户线
ϕ40、ϕ50、ϕ63、ϕ75	室外配导线至入户的管线

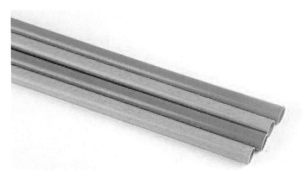

▲ 电工专用穿线管

小贴士   **辨别穿线管的质量好坏**

① 阻燃测试。用明火使 PVC 穿线管连续燃烧 3 次，每次 25s，间隔 5s，穿线管撤离火源后自熄者为合格。

② 弯扁测试。穿线管内穿入弯管弹簧，将穿线管弯成 90° 弯曲半径为管径的 3 倍，外观光滑且没有明显折痕者为合格。

③ 冲击测试。这种方式适合现场检查，用羊角锤敲击管壁无裂缝者为合格。

④ 看管壁上的标识。穿线管外壁应有间距不大于 1m 的连续阻燃标记和厂家标记，并且管壁上面的字体清晰，有品牌、认证、型号等字样。

5.10　空气开关的种类

空气开关，又名空气断路器，是断路器的一种，是一种只要电路中电流超过额定电流就会自动断开的开关。空气开关是低压配电网络和电力拖动系统中非常重要的一种电器，它集控制和多种保护功能于一身。根据断路方式的不同，空气开关被分为三个类型，具体如下表所示。

种　类	说　明
磁性元件空气开关	其原理是使用电磁式进行断路的装置。当电路中的电流超过或达到额定数值时，空气开关的磁性断路装置就会产生强大的磁力，吸引开关进行重置操作，以此实现断路
热元件空气开关	热元件空气开关是一种使用热量造成开关变形，完成电路断路的一类空气开关。通常它会和磁性元件空气开关相互配合使用，达到双保险的功能。当电路中的电流达到额定数值但磁性开关没实现断路时，热元件开关就会因热量的大小而造成变形，实现电路断开的操作，保证电路的用电安全
复式脱扣空气开关	脱扣机构在空气开关中是一种连杆装置。上面提到的热元件原理进行断路操作的脱扣方式是一种反时限操作，即电能产生热量使得双金属片弯曲并促使脱扣器动作。而复式脱扣空气开关还有一种瞬时的操作方式，即铁芯和相关铁机构相连，当电流达到或超过额定数值时，就会促使脱扣器动作，继续断路操作

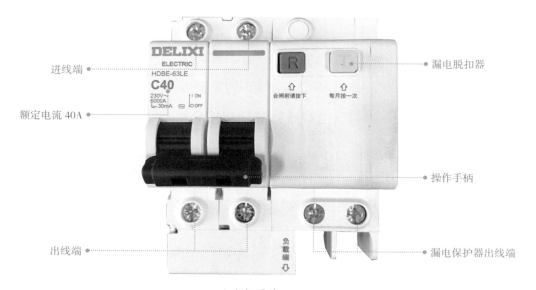

▲空气开关

第 6 章
电路布线与配线

　　电路布线与配线的原理是电路施工中的核心环节，了解并掌握原理性的要点，才能在具体的施工过程中规避问题，并能解决疑难问题。电路布线的源头在空气开关，室内主要的线路，包括照明、插座等均从空气开关向室内各个房间、各处功能区引线。但需要了解的是，线路的分配并不是完全按照房间划分，而是根据用电场景区分，如照明场景的布线集中在一路，低位插座场景的布线集中在另一路，大功率用电设备场景的布线集中在一路等。

　　电路配线指电路终端内的引线数量、种类等。强电导线主要分三种，分别是火线、零线以及地线，在具体的配线中，照明仅需要火线和零线，而插座则需要火线、零线以及地线；弱电导线的配线较为容易，连接电视的接通电视线，连接电脑的接通网络线便可以，线路不容易混淆。

6.1 空气开关分配数量与布线

家装电路的空气开关分配方式是照明一路、低位插座一路、空调一路、厨房一路和卫生间一路。其中，照明负责室内所有空间的灯具和开关，以及卫生间内的浴霸，采用 $1.5mm^2$ 导线；插座负责室内所有空间的低位插座，采用 $2.5mm^2$ 导线；空调负责室内所有空间的空调插座，采用 $4mm^2$ 导线；厨房以及卫生间负责各自空间内的插座，采用 $4mm^2$ 导线。若厨房或卫生间使用大功率设备，如速热式热水器等，则需要采用 $6mm^2$ 导线。

面对户型较大的室内空间，照明可多分出几路，控制客厅、卧室、书房等。低位插座和空调可多分出几路，控制客厅、卧室、书房等。但大原则是以上述为标准分配，细节的分支可以增加。

空气开关的布线方式有几种，根据漏电保护器的安装位置不同而产生区别。

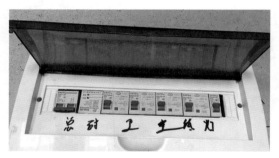

▲空气开关分配方式（实物图）

▲空气开关布线方式

（1）漏电保护器控制插座布线方式

如下图所示，这种布线方式的优点体现在，一旦低位插座、厨房、卫生间或空调发生漏电危险，则断路器发挥作用，断掉后面四个空气开关的电路，而照明空开则依然正常运行，不会因为漏电而导致室内所有的照明瘫痪，影响日常的使用。

举例说明。家装电路在使用中，最容易发生漏电危险的地方集中在各个区域的插座，如厨房或卫生间插座进水等，这时漏电保护器产生作用，断开电路。而此时的室内所有照明不会受到影响，可以正常运行。在夜晚，可借着照明排查电路故障，解决问题。若照明也被迫断电的情况下，将使排查电路故障变得困难重重。

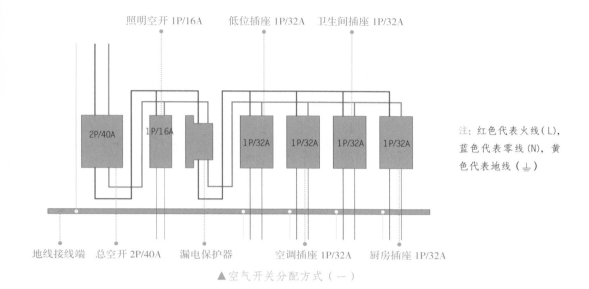

注：红色代表火线(L)，蓝色代表零线(N)，黄色代表地线(⏚)

▲空气开关分配方式（一）

（2）漏电保护器分控插座布线方式

如下图所示，漏电保护器分别集成在低位插座、空调插座、卫生间插座和厨房插座中。这种布线的优点体现在，若厨房插座发生漏电现象，则单独断开厨房插座空开，而照明和其他三路空开依然正常运行，不会受到影响。

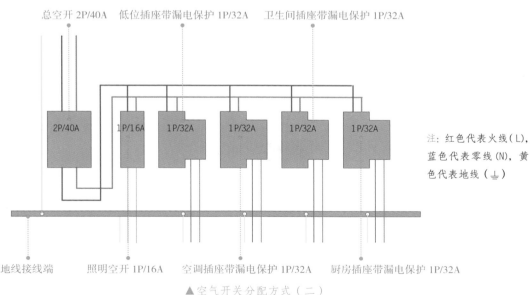

注：红色代表火线(L)，蓝色代表零线(N)，黄色代表地线(⏚)

▲空气开关分配方式（二）

（3）漏电保护器控制总空开布线方式

如下图所示，将漏电保护器集成在总空开中，而其他五路空开则不设置漏电保护。这种空气开关的布线方式可以说是最安全、保险的连接方式。一旦某一路空开发生漏电危险，则总空开会触发漏电保护，进行断开动作，切断室内所有的电路，照明以及各路插座不再承载电流。

在实际使用中，这种空开布线方式的应用最广泛，安全系数最高。而一旦发生电路故障，这种方式也是最难维修的，需要逐步排查各个支路，在维修好之后，室内的电路才能正常使用。

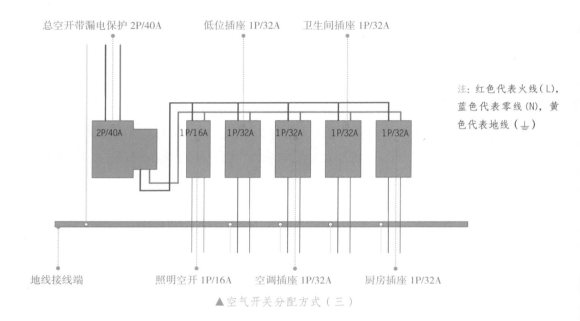

▲ 空气开关分配方式（三）

▲ 空气开关室内布线效果图

6.2 空调布线与配线

6.2.1 立式空调的布线与配线

立式空调的 P 数（P 数指输出功率）较大，通常为 3P 或者更多，因此需要配备 4mm² 导线。立式空调的布线位置在客厅或餐厅等面积超过 25m² 的空间，需要配 3 根导线，分别是火线、零线和地线。

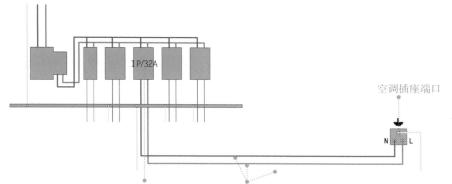

空调插座端口

空调空开 1P/32A 3 根 4mm² 导线，红色为火线（L），蓝色为零线 (N)，黄色为地线（⏚）

▲ 空调配线方式

红色穿线管为立式空调的地面布线走线方法

▲ 立式空调布线效果图（一）

立式空调的布线端口，内部有 3 根导线，分别为火线、零线和地线

▲ 立式空调布线效果图（二）

6.2.2 挂式空调的布线与配线

挂式空调的 P 数较小，一般为 1.5P 或 2P，布线位置在卧室或书房等面积小于 20m² 的空间。挂式空调的配线平方数与立式空调相同，都为 4mm² 导线，两种空调受同一个空气开关控制。但在布线的位置上，挂式空调通常在上面，距离地面 2000mm 左右的位置；而立式空调则在下面，距离地面 350mm 左右的位置。

挂式空调的布线端口，内部有 3 根线，分别为火线、零线和地线，都是 4mm² 导线

红色穿线管从空气开关引线到挂式空调的位置

▲挂式空调布线效果图（一）

▲挂式空调布线效果图（二）

6.3 热水器布线与配线

6.3.1 储水式热水器的布线与配线

储水式热水器安装在卫生间内，因此布线时，需要从卫生间空开上引线。储水式热水器的输出功率较大，用 4mm² 导线，配 3 根导线，分别是火线、零线和地线。储水式热水器所使用的插座端口需要配备开关，通过开关来控制插座的通电情况。

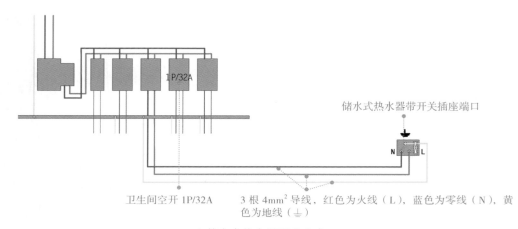

储水式热水器带开关插座端口

卫生间空开 1P/32A

3 根 4mm² 导线，红色为火线（L），蓝色为零线（N），黄色为地线（⏚）

▲储水式热水器配线方式

储水式热水器安装在坐便器的上方，插座端口安装在热水器的下面靠右侧的位置

◀储水式热水器布线效果图（一）

储水式热水器的布线走顶面，不走地面。当电路发生故障时，便于维修

◀储水式热水器布线效果图（二）

6.3.2　速热式热水器布线与配线

速热式热水器相比较储水式热水器体型小很多，加热原理也不同。速热式热水器通常安装在厨房，而不是卫生间。因此布线时，需要从厨房空开上引线。速热式的输出功率很高，需要用 6mm^2 导线，配 3 根导线，分别是火线、零线和地线。

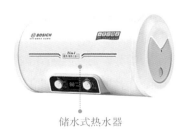

储水式热水器

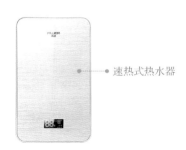

速热式热水器

▲两种热水器对比图

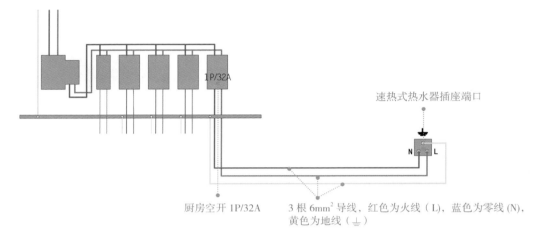

速热式热水器插座端口

厨房空开 1P/32A　　3 根 6mm² 导线，红色为火线（L），蓝色为零线 (N)，黄色为地线 (⏚)

▲ 速热式热水器配线方式

速热式热水器的插座端口布设在侧边偏下的位置，布线走向以从顶面到墙面为标准

◀ 速热式热水器布线效果图

6.4 厨房大功率设备布线与配线

　　厨房大功率设备有微波炉、电磁炉、电烤箱和电蒸箱等，这类电器的输出功率较高，对导线的导电性能要求很高，因此全部需要使用 4mm² 导线，并从单独的厨房空开上引线。由于厨房电器具备一定的导电性，因此需要在插座中接入地线。也就是说，厨房的大功率设备需要配 3 根 4mm² 导线，分别是火线、零线和地线。

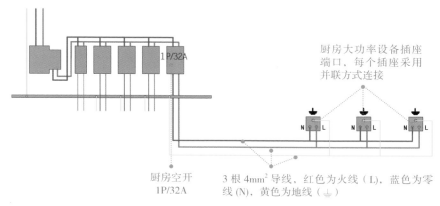

厨房大功率设备插座端口，每个插座采用并联方式连接

厨房空开
1P/32A

3 根 4mm² 导线，红色为火线（L），蓝色为零线 (N)，黄色为地线（⏚）

▲ 厨房大功率设备配线方式

墙面中预留的插座暗盒为厨房大功率设备插座暗盒，一个在橱柜台面上，一个预留在地柜里面

◀ 厨房大功率设备布线效果图

6.5 卫生间公用插座布线与配线

卫生间预留公用插座，是为了使用电吹风、刮胡刀等设备，通常布设在洗手柜的一侧，和卫生间的开关布设在一起。公用插座为五孔防水插座，即插座外侧有防水面罩。公用插座在卫生间空开上单独引线，采用 3 根 4mm² 导线，分别为火线、零线和地线。

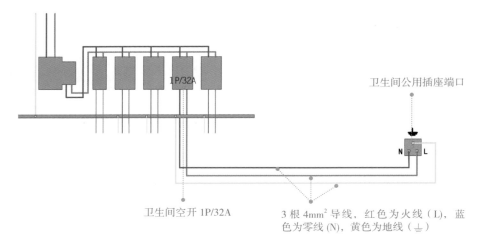

卫生间公用插座端口

N　L

卫生间空开 1P/32A

3 根 4mm² 导线，红色为火线（L），蓝色为零线 (N)，黄色为地线（⏚）

▲ 卫生间公用插座配线方式

左侧为卫生间公用插座，内部配有 3 根导线，分别火线、零线和地线。右侧为卫生间灯具开关

◀ 卫生间公用插座布线效果图

6.6　低位插座布线与配线

低位插座的布线与配线指室内除了厨房和卫生间之外的所有插座布设，其中包括五孔插座、九孔插座和带开关插座。

6.6.1 五孔插座的布线与配线

五孔插座的布线与配线主要涵盖客厅、餐厅、卧室以及书房等空间的五孔插座布设。以卧室为例，五孔插座布设在床头的两侧，通常一侧布设 1 个五孔，另一侧布设 2 个五孔，全部采用 2.5mm² 导线，内部配 3 根导线，分别为火线、零线和地线。卧室内的五孔插座采用并联的方式布线。

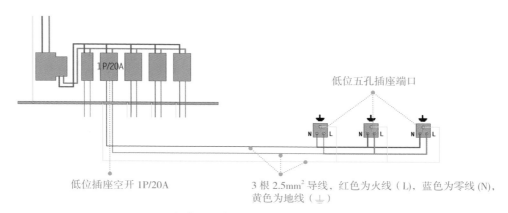

低位五孔插座端口

低位插座空开 1P/20A

3 根 2.5mm² 导线，红色为火线（L），蓝色为零线 (N)，黄色为地线（⏚）

▲ 低位五孔插座配线方式

卧室低位插座布设高度要略高于床头柜，距地 650mm。靠近衣帽柜的一侧布设 2 个，靠近窗户的一侧布设 1 个

◀ 低位五孔插座布线效果图

6.6.2　九孔插座布线与配线

　　九孔插座的布线与配线原理与五孔插座相同，差别体现在暗盒的配置上。九孔插座的暗盒为长方形，内部配 3 根 2.5mm² 导线，分别火线、零线和地线，从低位插座上引线。

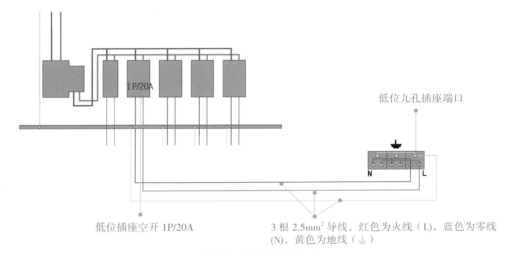

低位九孔插座端口

低位插座空开 1P/20A

3 根 2.5mm² 导线，红色为火线（L），蓝色为零线（N），黄色为地线（⏚）

▲低位九孔插座配线方式

九孔插座的内部只需要配 3 根 2.5mm² 导线，采用一个长方形暗盒。线路全部走地面

◀低位九孔插座布线效果图

6.6.3 带开关插座布线与配线

带开关插座主要布设在局部，如阳台、餐厅，通过开关控制插座的通电情况。带开关插座从低位空开上引线，为3根2.5mm²导线，分别火线、零线和地线，从低位插座上引线。

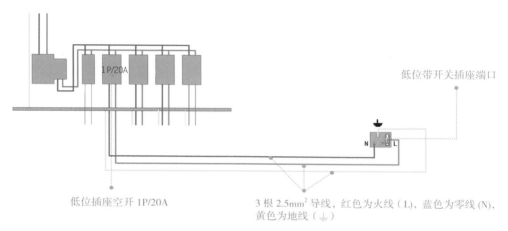

低位带开关插座端口

1P/20A

低位插座空开1P/20A

3根2.5mm²导线，红色为火线（L），蓝色为零线(N)，黄色为地线（⏚）

N ⏚ L

▲ 低位带开关插座配线方式

带开关插座布线走地面，从图中可直观地看出空开引线到带开关插座端口的线路走向

◀低位带开关插座布线效果图

6.7 照明布线与配线

照明布线与配线指室内所有灯具线路的布设，包括主照明光源（吊灯、吸顶灯），筒灯，射灯，暗藏灯带以及壁灯等照明设备。

6.7.1 主照明光源布线与配线

主照明光源（吊灯、吸顶灯）通常布设在客厅、餐厅或卧室等空间吊顶的中间位置。从照明空开上单独引线，采用 1.5mm² 导线，并配有火线、零线 2 根导线。

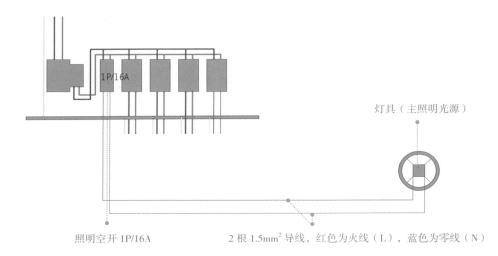

灯具（主照明光源）

照明空开 1P/16A   2 根 1.5mm² 导线，红色为火线（L），蓝色为零线（N）

▲ 主照明光源配线方式

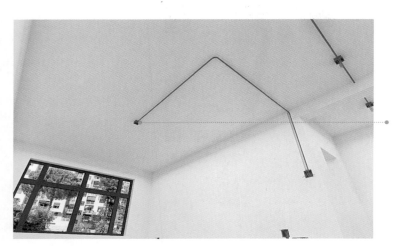

主照明光源采用正方形暗盒，内部配 2 根 1.5mm² 导线，分别为火线和零线。布线方式为走顶面和墙面

◀主照明光源布线效果图

6.7.2 筒灯、射灯照明布线与配线

筒灯、射灯布设在客厅、餐厅或卧室的吊顶中，通常会布设多个筒灯、射灯，采用并联的方式布线，即 1 根 1.5mm² 的火线，将其他的筒灯、射灯并联在一起，然后在端口接上 1 根 1.5mm² 的零线，实现单个开关的控制。

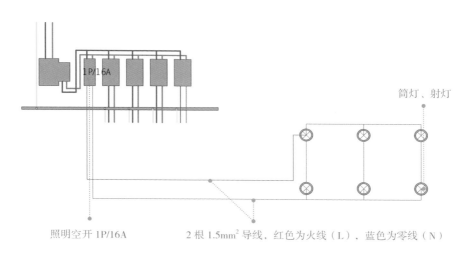

筒灯、射灯

1P/16A

照明空开 1P/16A　　　　2 根 1.5mm² 导线，红色为火线（L），蓝色为零线（N）

▲ 筒灯、射灯照明配线方式

所有并联在一起的筒灯、射灯，采用 1 根穿线管布线，里面配一火一零 2 根 1.5mm² 导线

◀ 筒灯、射灯照明布线效果图

6.7.3　暗藏灯带照明布线与配线

　　暗藏灯带在空间中的照明布设，通常为环形、长方形或直线条，暗藏灯带的一端有接线柱，因此只需要预留一个接线口就可以。接线口中配 2 根 1.5mm² 导线，分别为火线和零线。

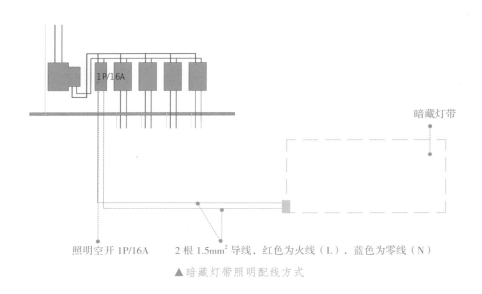

照明空开 1P/16A

2 根 1.5mm² 导线，红色为火线（L），蓝色为零线（N）

▲ 暗藏灯带照明配线方式

暗藏灯带的 2 根 1.5mm² 导线预留在吊顶的角落中，用于连接暗藏灯带

◀ 暗藏灯带照明布线效果图

6.7.4 壁灯照明布线与配线

壁灯通常设计在客厅或卧室的背景墙中，布线走顶面，然后引线到墙面壁灯的位置。壁灯接线口中配 1.5mm² 导线，1 根火线，1 根零线。若墙面中设计了两盏壁灯，则两盏壁灯采用并联的方式布线。

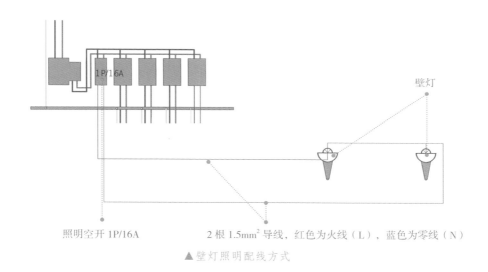

壁灯

照明空开 1P/16A

2 根 1.5mm² 导线，红色为火线（L），蓝色为零线（N）

▲ 壁灯照明配线方式

壁灯接线口离地距离保持在 1350~1600mm 之间，两盏壁灯采用同一根穿线管布线

◀ 壁灯照明布线效果图

6.8 开关布线与配线

6.8.1 单开单控的布线与配线

单开单控是指一个开关控制一个照明灯具，是最简单的开关布线与配线。从照明空开引出 1 根火线，经由开关到灯具，然后由灯具接 1 根零线到照明空开，形成一个完整的回路。单开单控开关和照明配线一样，采用 1.5mm^2 导线。

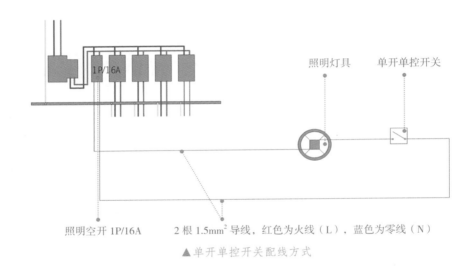

照明空开 1P/16A　　2 根 1.5mm^2 导线，红色为火线（L），蓝色为零线（N）

▲单开单控开关配线方式

单开单控开关布线从墙面到顶面，连接到灯具的接线口

◀单开单控开关布线效果图

6.8.2　单开双控布线与配线

单开双控是指两个开关控制一盏灯具，每一个开关都可以单独控制灯具的明暗。单开双控的布线是将两个不同的开关并联在一起，然后和灯具形成一个完整的回路。其配线采用 1.5mm^2 的火线和零线。

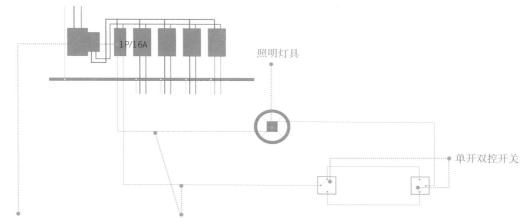

1P/16A

照明灯具

单开双控开关

照明空开 1P/16A　2 根 1.5mm^2 导线、红色为火线（L），蓝色为零线（N）

▲ 单开双控开关配线方式

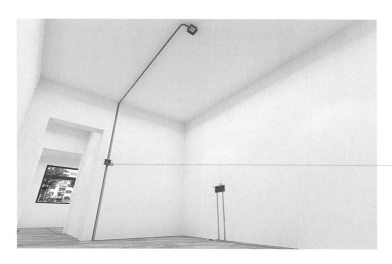

单开双控的两个开关之间布线走地面、连接灯具的部分走顶面。以卧室为例，通常一个开关布设在门口，另一个开关布设在床头一侧

◀ 单开双控开关布线效果图

6.8.3　双开双控布线与配线

　　双开双控是指两个开关控制两盏灯具，每一个开关都可单独控制两盏灯具的明暗。双开双控的布线较为繁杂，每一开关都需要布 2 根火线到灯具的位置，然后再由灯具接零线到照明开关的位置。双开双控配线采用 1.5mm^2 的导线，分别为火线和零线。

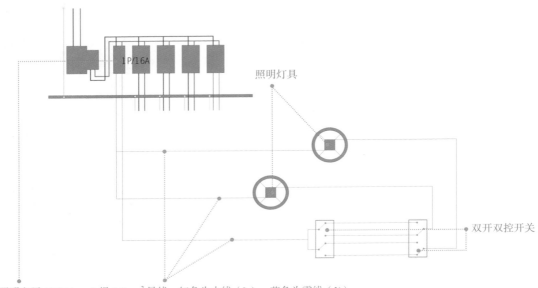

照明空开 1P/16A　　2 根 1.5mm^2 导线，红色为火线（L），蓝色为零线（N）

▲双开双控开关配线方式

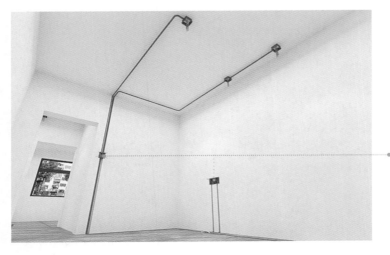

双开双控的布线以两个开关为主线路，到顶面分开连接到各自的灯具位置，实现两处开关同时控制两盏灯具

◀双开双控开关布线效果图

6.9 弱电布线与配线

弱电包括室内的电视线、电话线、网路线、网视一体线以及音频线等，这类电缆需要从弱电箱引线，不从强电箱引线。因此布线与配线与强电有本质的不同。家装电工需要做的工作是，将弱电的管线布设好，而弱电接线则由专业的弱电工人来操作连接。

6.9.1 电视线的布线与配线

电视线是传输视频信号（VIDEO）的电缆，在家装中主要布设在客厅或卧室的电视背景墙中。

图中蓝色的管线代表电视线。由弱电箱位置引线，走地面，然后布设在电视墙墙面中

电视线端口与低位插座之间保持150mm以上的距离，可使电视信号传输不受干扰

▲电视线布线效果图（一）

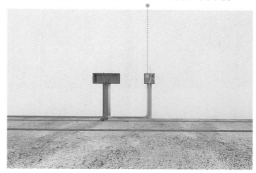

▲电视线布线效果图（二）

6.9.2 电话线的布线与配线

电话线通常布设在客厅的沙发背景墙的一侧，或卧室的床头背景墙一侧。与电视线相同，电话线从弱电箱引线，然后走地面布线。

电工需要将蓝色穿线管布设好，然后在线管中配好电话线。关于预留在弱电箱中的电话线端头，则预留给弱电工人来连接

◀电话线布线效果图

6.9.3　网络线的布线与配线

　　网络线在室内需要布设 2~3 个端口，分别是客厅的沙发墙一侧、卧室的电视墙一侧，以及书房的书桌附近。因此，在弱电箱中，需要引出 2~3 根网络线，向各个空间引线，再用穿线管保护起来。

网络线在地面的布线必须走直线，转角处需保持90°垂直

网路线端口与低位插座并排布设在一起

网络线与强电交叉的位置，需要包裹锡箔纸以防止信号干扰

▲ 网络线布线效果图（一）

▲ 网络线布线效果图（二）

6.9.4　音频线的布线与配线

　　音频线在室内的布设注重立体音效，因此需要多个位置布线，形成环绕音响效果。以客厅为例，需要在电视墙预留 1~2 个音频线端口，然后在沙发墙预留 1~2 个音频线端口，这样起到的音频效果会比较理想。

音频线从地面引线，到达墙面或顶面，在顶面中，预留 2 个音频端口，穿线管内配 1 根音频电缆

◀音频线布线效果图

第 7 章
电路接线

　　电路接线是实际操作性比较强的内容，涉及单芯导线、多股导线、开关接线、插座接线以及弱电接线等内容。其中，单芯导线、多股导线两部分主要讲解的是导线与导线之间的连接；开关接线、插座接线主要讲解的是导线与面板的连接；弱电接线主要讲解的是网络线、电视线等与面板的连接。

　　电路接线环节中，难度大、操作复杂的是单芯导线和多股导线的连接，面对不同的房间用电要求，涉及单开单控、单开双控以及双开双控等技术难度高的内容。想要掌握电路接线的技巧，不仅要懂原理，还需要能熟练掌握现场操作要领，这样才能事半功倍。

7.1 单芯导线连接

7.1.1 单芯导线绞接法连接（附视频）

单芯导线绞接法连接

此方法适用于截面面积为 4mm² 及以下的单芯导线连接，其操作要点如下所示。

使用剥线钳将单芯导线的绝缘皮剥除 2~3cm，露出铜芯线，然后将铜芯线向内折弯 180°，保持弯角处的圆润

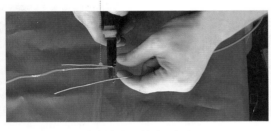

▲ 单芯导线绞接法 步骤一

将折弯后的两根铜芯线绞接在一起

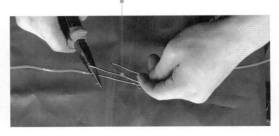

▲ 单芯导线绞接法 步骤二

两根铜芯线套上后，使用电工钳将中心位置夹紧，使两股铜芯线紧贴在一起。注意，中心位置的夹紧程度应适可而止，防止将铜芯线夹断

▲ 单芯导线绞接法 步骤三

使用钳子夹住右侧的铜芯线，然后用电工钳将左侧的铜芯线顺时针缠绕。缠绕要求紧实，不可留有缝隙。每缠绕 2~3 圈检查一次线圈的紧实度

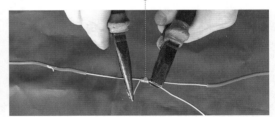

▲ 单芯导线绞接法 步骤四

采用相同的动作将右侧的线圈缠绕至 5~6 圈，将多余的铜芯线剪掉

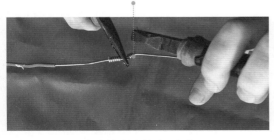

▲ 单芯导线绞接法 步骤五

这种单芯导线的连接方法非常结实，不会发生导线在长期使用中脱线的情况

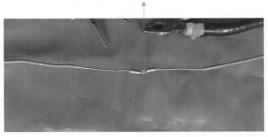

▲ 单芯导线绞接法 步骤六

7.1.2 单芯导线缠绕卷法连接（附视频）

此方法适用于截面面积为 6mm² 及以上的单芯导线连接，其操作要点如下所示。

单芯导线缠绕卷法连接

将要连接的两根导线接头对接、中间填入一根同直径的铜芯线，然后准备一根同直径的绑线，长度尽量长一些

▲单芯导线缠绕卷法 步骤一

将绑线围绕三根铜芯线缠绕。从中心的位置开始，分别向左右两侧缠绕

▲单芯导线缠绕卷法 步骤二

将绑线向右侧缠绕 5~6 圈，然后将多余的绑线线芯剪断

▲单芯导线缠绕卷法 步骤三

将中间填入的铜芯线向左侧折弯 180°，并贴紧绑线

▲单芯导线缠绕卷法 步骤四

采用上述同样的方法，将绑线向左侧缠绕 5~6 圈，将多余的绑线线芯剪断

▲单芯导线缠绕卷法 步骤五

将中间填入的铜芯线向右侧折弯 180°，并贴紧绑线

▲单芯导线缠绕卷法 步骤六

这种单芯导线的连接方法可增加导线的接触面积，承载更大的电流，因此适合 6mm² 及以上的单芯导线连接

◀单芯导线缠绕卷法 步骤七

直径不同的单芯导线缠绕卷法

当连接的两根导线直径不相同时，先将细导线的线芯在粗导线的线芯上缠绕 5~6 圈，然后将粗导线的线芯回折，压在缠绕层上，再用细导线的线芯在上面继续缠绕 3~4 圈，剪去多余线芯即可。

直径不同的单芯导线缠绕卷法

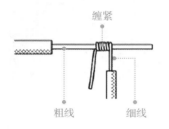
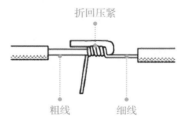
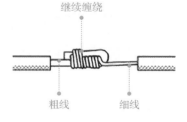

▲直径不同的单芯导线缠绕步骤

7.1.3　单芯导线 T 字分支连接（附视频）

单芯导线 T 字分支连接

　　T 字分支连接法主要用于两股单芯导线的连接，一股为干路，另一股为支路。其制作方法如下所示。

准备两根铜芯线，一根从中间剥除绝缘皮，长度为 4~5cm，露出的线芯需保护完好，不能断线，不能留有钳痕，防止断开。另一根从一端剥除绝缘皮，长度为 3~4cm

将支路铜芯线围绕干路铜芯线，先向左侧缠绕一圈

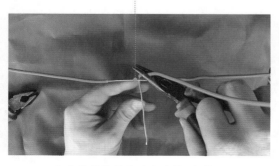
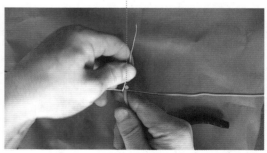

▲单芯导线 T 字分支连接 步骤一　　　　　▲单芯导线 T 字分支连接 步骤二

然后将铜芯线向右侧折弯，准备向右侧缠绕

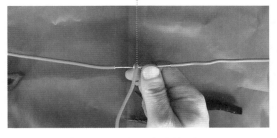

▲ 单芯导线 T 字分支连接 步骤三

将铜芯线向右侧缠绕 5~6 圈，剪去多余的线芯

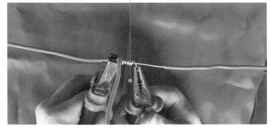

▲ 单芯导线 T 字分支连接 步骤四

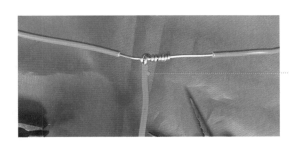

单芯导线 T 字分支连接的重点是，先向一侧缠绕 1 圈，然后再向另一侧缠绕 5~6 圈。这种连接方式可使两股导线的连接更加紧实，不容易发生中心铜芯线向两侧移动的情况

◀单芯导线 T 字分支连接 步骤五

7.1.4 单芯导线十字分支连接（附视频）

十字分支连接法主要用于三股单芯导线的连接，一股为干路，另两股为支路，每股导线之间的夹角均为 90°。其制作方法如下所示。

单芯导线十字分支连接

准备三根铜芯线，一根从中间剥除绝缘皮，长度为 5~6cm。另两根分别从一端剥除绝缘皮，长度为 3~4cm。三根铜芯线呈十字摆放在一起

将两根支路铜芯线折弯 180°，然后与干路铜芯线交叉连接在一起

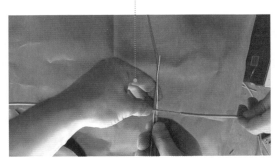

▲ 单芯导线十字分支连接 步骤一

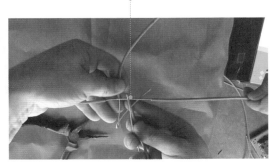

▲ 单芯导线十字分支连接 步骤二

交叉好之后，准备将下侧的支路铜芯线向左侧弯曲缠绕，将上侧的支路铜芯线向右侧弯曲缠绕

将铜芯线向左侧缠绕 5~6 圈后，剪掉多余的线芯，并用电工钳拧紧，起到加固效果

▲ 单芯导线十字分支连接 步骤三

▲ 单芯导线十字分支连接 步骤四

将铜芯线向右侧以同样方法缠绕 5~6 圈，剪掉多余的线芯。在缠绕过程中，用钳子固定住左侧的线圈，防止缠绕过程中线圈移位

左右两侧的线圈缠绕好之后，应不断地使用电工钳拧紧线圈，直到完全紧固，不能左右移动为止

▲ 单芯导线十字分支连接 步骤五

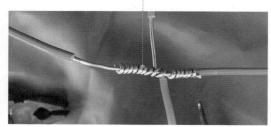

▲ 单芯导线十字分支连接 步骤六

7.1.5 单芯导线接线圈制作（附视频）

　　采用平压式接线桩方法时，需要用螺钉加垫圈将线芯压紧完成连接。家装用的单芯铜导线相对而言载流量小，有的需要将线芯做成接线圈。其制作方法如下所示。

单芯导线接线圈制作

准备一颗螺钉，一根铜芯线和一把电工钳。将绝缘层剥除，距离绝缘层根部 5mm 处向一侧折角

按照略大于螺钉直径的长度弯曲圆弧，将铜芯线围绕螺钉弯曲，然后将多余的线芯剪掉

▲ 单芯导线接线圈制作 步骤一

▲ 单芯导线接线圈制作 步骤二

修正圆弧，使铜芯线的线圈完美契合螺钉

▲单芯导线接线圈制作 步骤三

制作完成后，要求接线圈弧度圆润，没有棱角

▲单芯导线接线圈制作 步骤四

7.1.6 单芯导线暗盒内封端制作（附视频）

单芯导线暗盒内封端制作

单芯导线暗盒内封端的制作，目的是为了将暗盒内的导线保护起来。导线封端制作完成后，用绝缘胶布缠绕，防止漏电、触电等情况发生。其制作方法如下所示。

剥除导线绝缘层 2~3cm，将两根铜芯线捋直、准备缠绕

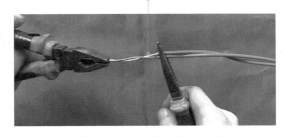

▲单芯导线暗盒内封端制作 步骤一

以一根铜芯线为中心，将另一根铜芯线围绕其缠绕。缠绕的起点距离绝缘层 5mm

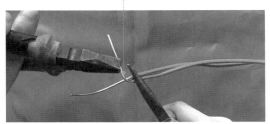

▲单芯导线暗盒内封端制作 步骤二

同一方向缠绕 4~6 圈。缠绕过程中保持线圈的紧实度

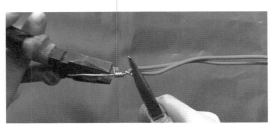

▲单芯导线暗盒内封端制作 步骤三

将多余的线芯剪掉。注意，剪掉线芯的位置应在距离线圈 1cm 处，将预留折回压紧

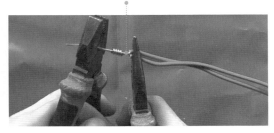

▲单芯导线暗盒内封端制作 步骤四

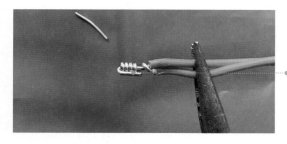

将线芯向右侧折回 180°，与线圈压紧，以不能晃动为标准。制作完成

◀单芯导线暗盒内封端制作 步骤五

制作好的导暗盒内封端

缠绕绝缘胶布保护线芯

▲单芯导线暗盒内封端制作 步骤六

7.2 多股导线连接

7.2.1 多股导线缠绕卷法直接连接（附视频）

多股导线缠绕卷法直接连接

多股导线采用缠绕卷法连接，可增加线芯的接触面积，以充分发挥多股线芯的优点。其制作方法如下所示。

将多股导线顺次解开成 30° 伞状，用手逐个把每一股导线线芯拉直，并用砂布将导线表面擦干净

将多股导线线芯顺次解开，并剪去中心一股，再将各自张开的线芯相互插嵌，插到每股线的中心且完全接触

▲多股导线缠绕卷法直接连接 步骤一

▲多股导线缠绕卷法直接连接 步骤二

将张开的各线芯合拢，捋直

取任意两股向左侧同时缠绕 2~3 圈后，另换两股缠绕，把原有两股压在里面或把余线割掉，再缠绕 2~3 圈后采用同样方法，调换两股缠绕

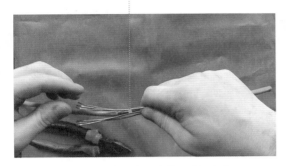

▲多股导线缠绕卷法直接连接 步骤三

▲多股导线缠绕卷法直接连接 步骤四

用钳子将左侧缠绕好的线芯夹住，然后采用同样的方法缠绕右侧线芯，每两股一组

所有线芯缠绕好之后，使用电工钳绞紧线芯。绞紧时，电工钳要顺着线芯缠绕方向用力

▲多股导线缠绕卷法直接连接 步骤五

▲多股导线缠绕卷法直接连接 步骤六

多股导线缠绕卷法的连接，可使线芯的接触面积增大，内部结构稳定，不会发生脱线、断线等情况

◀多股导线缠绕卷法直接连接 步骤七

7.2.2　多股导线分卷法 T 字分支连接（附视频）

多股导线分卷法 T 字分支连接

多股导线分卷法 T 字分支连接是指，将支路多股导线分成左右两部分，依次与干路多股导线连接。其制作方法如下所示。

将支路线芯分成左右两部分，擦干净之后捋直，各折弯 90°，依附在干路线芯上

将左侧的几股线芯同时围绕干路线芯缠绕

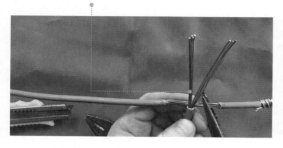

▲ 多股导线分卷法 T 字分支连接　步骤一　　　　　　▲ 多股导线分卷法 T 字分支连接　步骤二

几股线芯同时向左侧缠绕 4~6 圈，然后用电工钳剪去多余的线芯

采用同样方法将右侧几股线芯缠绕 4~6 圈，并剪去多余的线芯

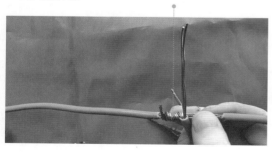 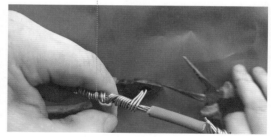

▲ 多股导线分卷法 T 字分支连接　步骤三　　　　　　▲ 多股导线分卷法 T 字分支连接　步骤四

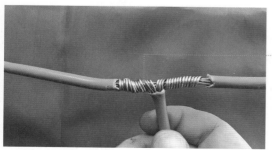

连接完成后，转动线芯查看连接的紧实度，然后用电工钳即时调整。多股导线 T 字分支连接的分卷法，可使支路导线处在干路导线的中间位置，而且固定效果好，不易左右移动

◀多股导线分卷法 T 字分支连接　步骤五

7.2.3　多股导线缠绕卷法T字分支连接（附视频）

多股导线缠绕卷法T字分支连接是将支路所有线芯从一端开始，围绕干路线芯缠绕的方法。其制作方法如下所示。

多股导线缠绕卷法T字分支连接

将支路线芯捋直，并折弯90°，与干路线芯贴紧摆放

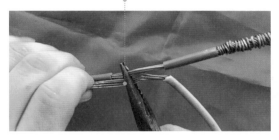

▲ 多股导线缠绕卷法T字分支连接　步骤一

从支路线芯的一端开始围绕干路线芯缠绕。注意，缠绕要从支路线芯的中间位置开始，而不是支路线芯的根部。缠绕的目的是为了将支路线芯和干路线芯捆绑在一起

▲ 多股导线缠绕卷法T字分支连接　步骤二

支路线芯一直缠绕到导线根部，缠4~6圈，然后剪去多余的线芯

▲ 多股导线缠绕卷法T字分支连接　步骤三

支路线芯缠绕好之后，使用电工钳绞紧线芯，增加紧实度

▲ 多股导线缠绕卷法T字分支连接　步骤四

线芯缠绕好之后，调整支路导线，使其与干路导线呈90°直角

◀ 多股导线缠绕卷法T字分支连接　步骤五

7.2.4　单芯导线与多股导线T字分支连接（附视频）

单芯导线与多股导线T字分支连接是将单芯导线缠绕到多股导线中，实现T字形连接的目的。其制作方法如下所示。

单芯导线与多股导线
T字分支连接

将多股导线的线芯拧成麻花形状，然后准备一根单芯导线，将线芯捋直，准备缠绕

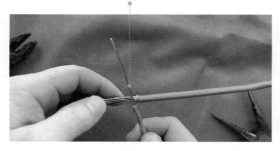

▲ 单芯导线与多股导线T字分支连接　步骤一

将单芯导线和多股导线的根部对接，然后开始缠绕单芯线芯

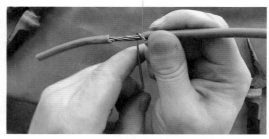

▲ 单芯导线与多股导线T字分支连接　步骤二

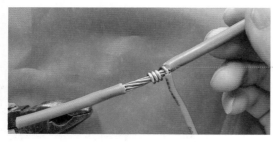

● 单芯线芯向左侧缠绕6~8圈，剪去多余的线芯即可

◀ 单芯导线与多股导线T字分支连接　步骤三

7.2.5　同一方向多股导线连接（附视频）

同一方向多股导线连接是将两条平行的多股导线连接到一起，方法类似于单芯导暗盒内封端制作。其制作方法如下所示。

同一方向多股导线连接

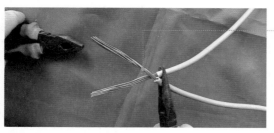

将两根多股导线的绝缘皮去掉相同的长度，将线芯捋直，呈X形交叉摆放在一起

◀ 同一方向多股导线连接　步骤一

钳子夹住线芯 X 形交叉的中心，并顺着同一方向拧动，将多股线芯互相缠绕在一起。同时用电工钳夹住两根导线根部保持不动

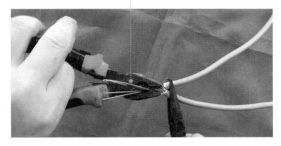

▲ 同一方向多股导线连接 步骤二

多股线芯互相缠绕 4~5 圈，缠绕方式类似于两股导线搅在一起

▲ 同一方向多股导线连接 步骤三

钳子将缠绕好的多股线芯捋直，拧紧，并剪去多余的线芯

▲ 同一方向多股导线连接 步骤四

制作完成后的线芯保持线头不要松散，线芯平直不要弯曲

▲ 同一方向多股导线连接 步骤五

7.2.6 同一方向多股导线与单芯导线连接（附视频）

同一方向多股导线与单芯导线连接，是以单芯导线为干路，多股导线为支路，将两根导线缠绕在一起的方法。其制作方法如下所示。

同一方向多股导线与
单芯导线连接

将单芯导线和多股导线的绝缘皮去掉，多股导线所留的长度多一些。用电工钳固定住两根导线的根部，并以单芯导线为中心，多股导线围绕其缠绕

◀ 同一方向多股导线与单芯导线连接 步骤一

多股导线围绕单股导线缠绕 5~6 圈，并剪去多余的线芯。然后将单芯导线向内折弯 180° ，紧贴在多股导线的线圈上

单芯导线向内折弯的长度约等于多股导线线圈的一半，若长度过长则可剪掉一部分

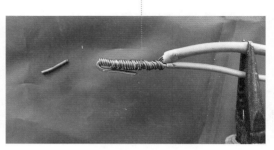

▲ 同一方向多股导线与单芯导线连接 步骤二

▲ 同一方向多股导线与单芯导线连接 步骤三

7.2.7 多芯护套线或多芯线缆连接（附视频）

多芯护套线或多芯线缆连接

多芯护套线的线芯数量多且柔软度高，连接过程相比多股导线要容易很多。其制作方法如下所示。

将多芯护套线的绝缘皮去掉，并呈 X 形交叉在一起，准备连接

用拇指和食指的拇肚搓拧两股线芯，使彼此缠绕在一起

▲ 多芯护套线或多芯线缆连接 步骤一

▲ 多芯护套线或多芯线缆连接 步骤二

● 用钳子剪去多余的线芯

▲ 多芯护套线或多芯线缆连接 步骤三

采用同样的方法缠绕另外两股线芯。缠绕过程中保持线芯的紧实度，并处理好线头，不可松散

制作完成后，将连接处压平，与护套线贴在一起。注意，多芯护套线的两个连接处一定要错开一定距离，防止线芯接触发生短路、漏电等情况

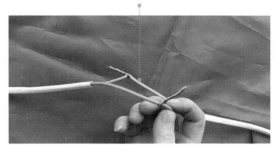

▲ 多芯护套线或多芯线缆连接 步骤四

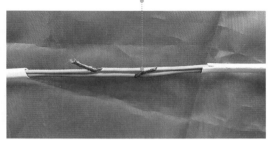

▲ 多芯护套线或多芯线缆连接 步骤五

7.2.8　多股导线出线端子制作（附视频）

多股导线出线端子的制作方法类似单芯导线的接线圈，两者都是将导线制作出一个圆环形状，用于连接端口。其制作方法如下所示。

多股导线出线端子制作

将多股导线拧成麻花形状，并保持线芯的平直

选取线芯的两个支点，各弯曲 90°，形状类似于 S 形

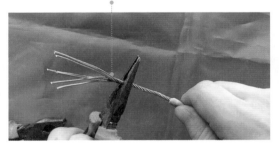

▲ 多股导线出线端子制作 步骤一

▲ 多股导线出线端子制作 步骤二

以内侧支点为中心，将线芯向内弯曲成 U 字形

将线芯的根部并拢在一起，并留出一个大小适当的圆环

▲ 多股导线出线端子制作 步骤三

▲ 多股导线出线端子制作 步骤四

用钳子夹住圆环，用电工钳将根部线芯分成两股，分别围绕干路线芯缠绕 2~3 圈，剪去多余的线芯

修正圆环的形状，直到没有明显的棱角

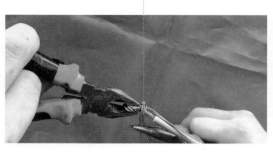

▲ 多股导线出线端子制作 步骤五

▲ 多股导线出线端子制作 步骤六

7.3 开关接线

单开单控接线

7.3.1 单开单控接线（附视频）

单开单控接线是指一个单开开关控制一盏照明灯具，即一根火线分成两段，连接到开关中形成一根完整的火线，加上灯具上原本连接的零线，构成一个完整的回路。通过单开单控开关的闭合，实现灯具的明暗照明。其制作方法如下所示。

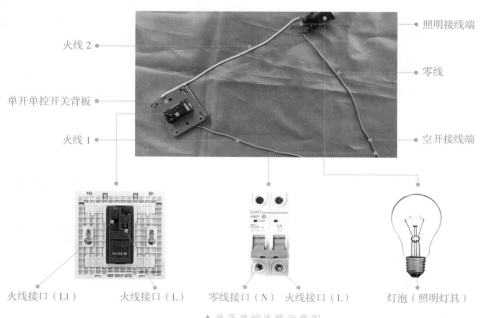

火线 2 ——————●

●—————— 照明接线端

单开单控开关背板 ●

●—————— 零线

火线 1 ——————●

●—————— 空开接线端

火线接口（L1）　　　火线接口（L）　　　零线接口（N）　火线接口（L）　　　灯泡（照明灯具）

▲ 单开单控线路示意图

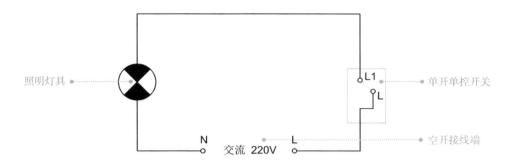

▲ 单开单控接线原理

将火线 1 的纯铜线芯插入火线接口（L1），然后用十字螺丝刀按照顺时针方向转动，将纯铜线芯拧紧

将火线 2 的纯铜线芯插入火线接口（L），然后用十字螺丝刀拧紧

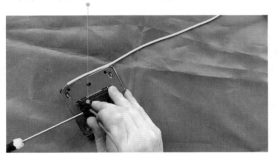

▲ 单开单控接线 步骤一

▲ 单开单控接线 步骤二

接线完成后，开合开关检测灯具照明是否正常

◀ 单开单控接线 步骤三

7.3.2 单开双控接线（附视频）

单开双控接线是指两个开关同时控制一盏照明灯具。单开双控的接线难点与复杂程度集中体现在两个双控开关之间的接线，彼此需要连接两根互通线，并各自接出一根线到照明灯具上，通过空开的供电，实现灯具的双控。其制作方法如下所示。

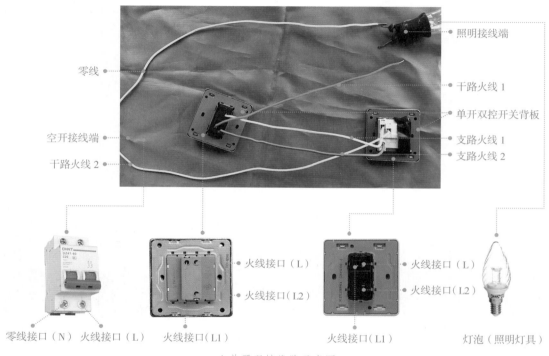

▲ 单开双控线路示意图

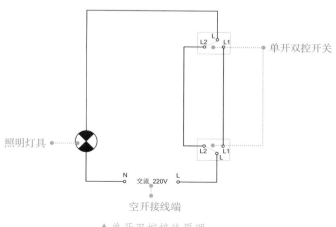

▲ 单开双控接线原理

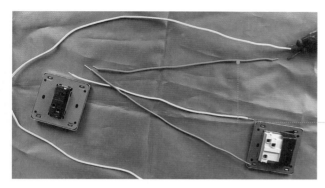

单开双控接线

准备五根导线,其中4根是火线,1根是零线,并准备两个单开双控开关,按照合适的方式摆放,准备接线

◀单开双控接线 步骤一

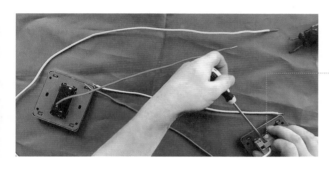

首先连接干路火线,将干路火线1的纯铜线芯插入右侧开关火线接口(L),然后将干路火线2插入左侧开关火线接口(L),并用十字螺丝刀拧紧

◀单开双控接线 步骤二

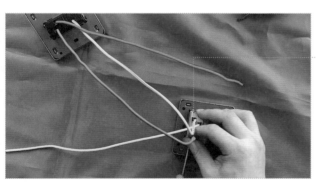

连接支路火线。先将支路火线1分别插入两个开关的火线接口(L1),然后将支路火线2分别插入两个开关的火线接口(L2),用十字螺丝刀拧紧。在具体操作过程中,同一根支路火线可以允许插入不同的火线接口(L1)和(L2),不会影响实际的使用效果

◀单开双控接线 步骤三

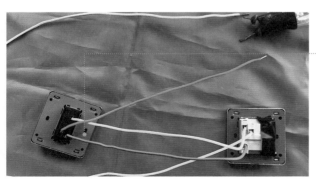

接线完成。单开双控的接线重点是,干路火线只可以连接到开关火线接口(L)中,而支路火线可相互串接到火线接口(L1)或(L2)中

◀单开双控接线 步骤四

7.3.3　双开单控接线（附视频）

双开单控接线是指一个双开开关分别控制两盏照明灯具。在双开单控接线的过程中，运用了跳线的原理，使一个干路火线加跳线完成对灯具照明的控制，节省了导线的使用数量，同时简化了接线过程。其制作方法如下所示。

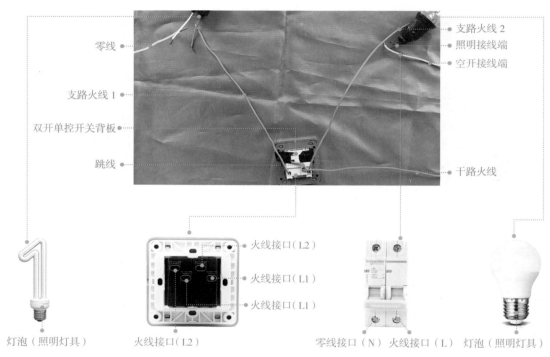

零线　支路火线1　双开单控开关背板　跳线

支路火线2　照明接线端　空开接线端　干路火线

灯泡（照明灯具）　火线接口（L2）　火线接口（L2）　火线接口（L1）　火线接口（L1）　零线接口（N）　火线接口（L）　灯泡（照明灯具）

▲ 双开单控线路示意图

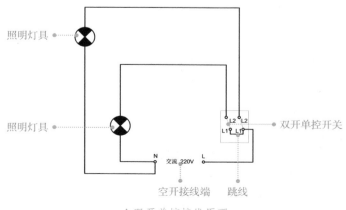

照明灯具　照明灯具　N　交流220V　L　L2　L2　L1　L1　双开单控开关

空开接线端　跳线

▲ 双开单控接线原理

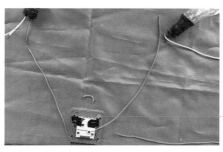

双开单控接线

准备一个双开单控开关、一根跳线、一根干路火线、两根支路火线、两根零线，准备接线

◀双开单控接线 步骤一

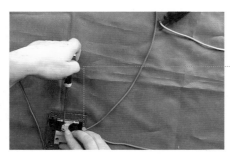

将跳线两端分别插入两个火线接口（L1）中，然后用十字螺丝刀拧紧其中一个接口，另一个接口准备连接干路火线

◀双开单控接线 步骤二

将干路火线插入火线接口（L1）中，与跳线连接到一起，然后用十字螺丝刀将两根线芯拧紧

◀双开单控接线 步骤三

将支路火线1和支路火线2分别插入两个火线接口（L2）中，然后用十字螺丝刀拧紧

◀双开单控接线 步骤四

所有导线连接完成后，用手轻微拉拽导线，看连接是否稳固。然后开启开关检测灯具照明是否正常

◀双开单控接线 步骤五

7.3.4　双开双控接线（附视频）

双开双控接线是指两个双开双控开关分别控制两盏照明灯具。每一个双控开关的背板上，都需要连接6根导线，每一个导线的连接位置都是固定的，这大大地增加了开关接线的难度。其制作方法如下所示。

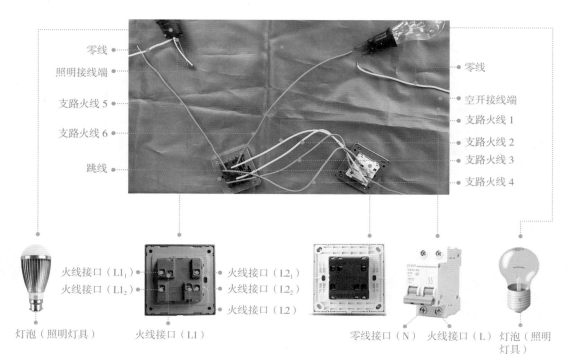

▲ 双开双控线路示意图

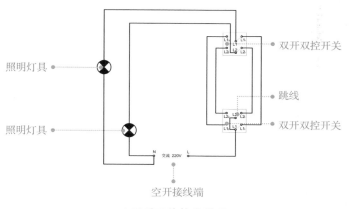

▲ 双开双控接线原理

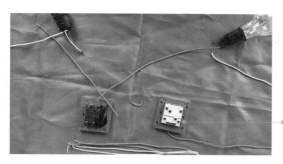

双开双控接线

准备两个双开双控开关、2根接入照明灯具的支路火线，4根连接两个开关的支路火线，1根跳线，1根接入空开的干路火线，以及2根接入照明灯具的零线

◀ 双开双控接线 步骤一

将跳线插入火线接口（L1）和火线接口（L2），用十字螺丝刀拧紧其中一个火线接口，另一个火线接口准备接入干路火线

◀ 双开双控接线 步骤二

将干路火线插入火线接口（L1）或（L2）中任意一个，然后和跳线一起拧紧

◀ 双开双控接线 步骤三

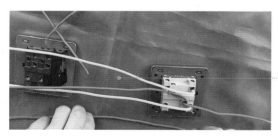

依次将4根支路火线插入火线接口（$L1_1$）、火线接口（$L1_2$）和火线接口（$L2_1$）、火线接口（$L2_2$）中，用十字螺丝刀拧紧。在实际操作过程中，可选择两种不同颜色的导线，方便区分

◀ 双开双控接线 步骤四

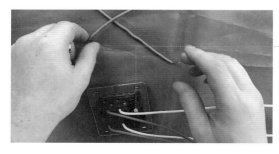

将4根连接好的支路火线按照上述顺序依次插入另一个开关中，并用十字螺丝刀拧紧

◀ 双开双控接线 步骤五

开始接入连接照明接线端的支路火线。将 2 根支路火线依次插入火线接口（L1）和火线接口（L2）中，拧紧后再与照明接线端相连

开关接线完成后，用十字螺丝刀将所有的接线口再次绞紧一遍，确保线路连接牢固

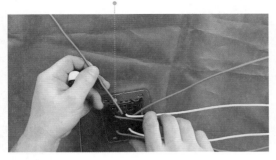

▲ 双开双控接线 步骤六

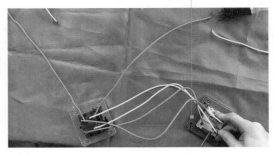

▲ 双开双控接线 步骤七

小贴士 由双开双控延伸到多开双控的接线原理

多开双控包括三开双控、四开双控以及六开双控等，其接线原理和双开双控基本一致，不同的地方体现在接线细节上。以三开双控为例，在连接干路火线的开关中，火线主接口有 3 个，分别是 L1、L2 以及 L3，因此需要连接 2 根跳线和 1 根干路火线，然后火线支路接口增加到 6 个，分别是 $L1_1$、$L1_2$、$L2_1$、$L2_2$、$L3_1$ 以及 $L3_2$。同样的，接入照明接线端的支路火线也增加到 3 个，分别是 L1、L2 以及 L3。

综上所述，多开双控的接线，因为照明灯具的增加，需要相应地增加跳线以及支路火线。其原理是，每增加 1 个照明灯具，需要多增加 1 根跳线、2 根开关互接的支路火线，以及 1 根接入照明接线端的支路火线。

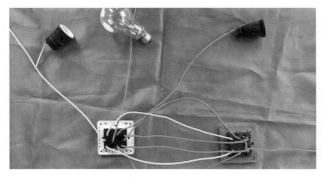

▲ 三开双控线路示意图

7.4 插座接线

7.4.1 五孔插座接线（附视频）

五孔插座接线

五孔插座是指带有一个双孔、一个三孔的插座。五孔插座的背板通常留有 3 个接口，分别是火线接口、零线接口和地线接口，按照顺序连接即可。其制作方法如下所示。

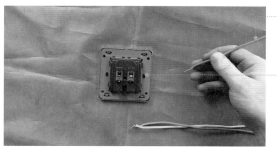

准备 3 根导线，红色的为火线，绿色的为零线，黄色的为地线

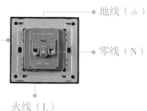

地线（⏚）

零线（N）

火线（L）

▲ 五孔插座接线 步骤一

将绿色的零线、黄色的地线和红色的火线按照顺序依次插入五孔插座接口，并用十字螺丝刀拧紧

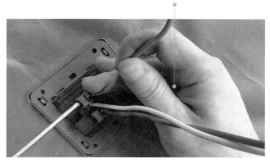

▲ 五孔插座接线 步骤二

连接完成后，依次拽动 3 根导线检查连接是否牢固，用十字螺丝刀再次绞紧一遍

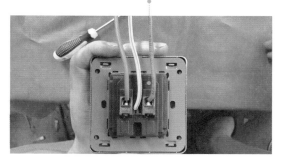

▲ 五孔插座接线 步骤三

五孔插座内部有集成的线路，将双控插座的火线、零线连接到了三孔插座的火线、零线中。因此在接线过程中，只需连接 3 根导线即可

◀ 五孔插座接线 步骤四

7.4.2　九孔插座接线

九孔插座是将 3 个三孔插座集合到一个面板中，故名九孔插座。正常情况下，九孔插座的背板有 9 个接口，需要连接 9 根导线。而新型的九孔插座则只有 3 个接口，将另外 6 个接口集合到了背板中。此处演示 9 个接口的接线方法，其制作方法如下所示。

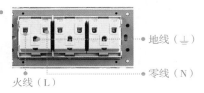

准备 3 根导线，红色为火线、黄色为地线、绿色为零线；准备 6 根跳线，红色为火线、黄色为地线、蓝色为零线，然后按照九孔插座的火线、地线和零线接口，依次将导线接入其中，并用十字螺丝刀拧紧

地线（⏚）

零线（N）

火线（L）

▲九孔插座接线　步骤一

九孔插座的接线细节需要注意，火线和零线一定要分开在两端，避免太近导致电路串联、短路。而地线则可不用固定位置，连接在火线一端，或零线一端都可以

◀九孔插座接线　步骤二

7.4.3　带开关插座接线（附视频）

带开关插座是通过开关来控制插座通电，即在需要电器插电时，打开开关，而在不需要时将开关关闭，实现对插座通电的控制。因此在接线的过程中，重点是将插座的火线接到开关中，从而实现开关对插座的控制。其制作方法如下所示。

带开关插座接线

准备 3 根导线，红色为火线、绿色为零线、黄色为地线，然后准备 1 根跳线，用于连接开关和插座

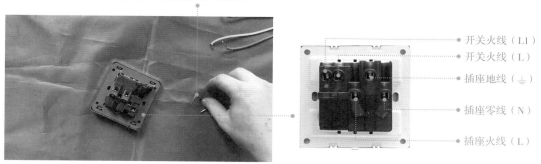

开关火线（L1）

开关火线（L）

插座地线（⊥）

插座零线（N）

插座火线（L）

▲ 带开关插座接线 步骤一

先连接跳线，将跳线折成 U 字形，两端铜芯分别插入开关火线（L1）和插座火线（L），并用十字螺丝刀拧紧

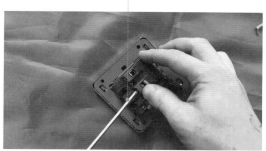

▲ 带开关插座接线 步骤二

连接火线。将火线插入开关火线（L），用十字螺丝刀拧紧，保持火线在跳线的上面，便于后续的电路接线

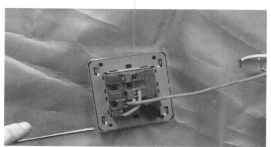

▲ 带开关插座接线 步骤三

依次连接地线和零线。将地线插入地线接口（⊥），零线插入零线接口（N），用十字螺丝刀拧紧

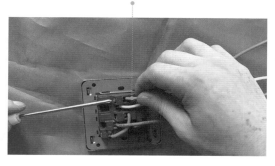

▲ 带开关插座接线 步骤四

开关插座的接线标准是，3 根导线彼此保持一定的距离，不可缠绕在一起，便于后期的电路接线

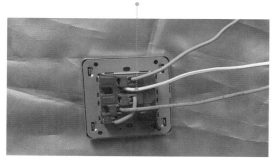

▲ 带开关插座接线 步骤五

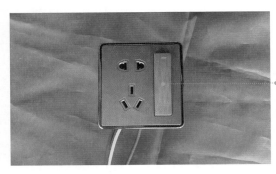

接线完成后的正面图，右侧的开关控制着左侧五孔插座的
通电情况

◀带开关插座接线 步骤六

7.5 弱电接线

7.5.1 电视线接线

电视线接线的重点是电缆和电视插座端口的连接。其连接方法如下所示。

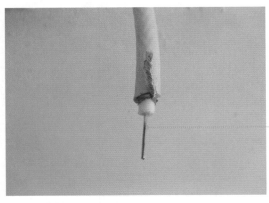

电缆端头剥开绝缘层露出芯线约 20mm，金属网屏蔽线露
出约 30mm

◀电视线接线 步骤一

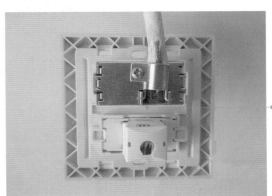

电缆横向从金属压片穿过，芯线接中心，屏蔽网由压片压
紧，然后拧紧螺钉

◀电视线接线 步骤二

电视插座安装到暗盒中，用螺丝
刀将两侧的螺钉拧紧

▶电视线接线 步骤三

将面板扣上，电视线接线完成

▶电视线接线 步骤四

7.5.2　电话线接线

这里主要讲解四芯电话线和电话插座端口的连接方法。其连接方法如下所示。

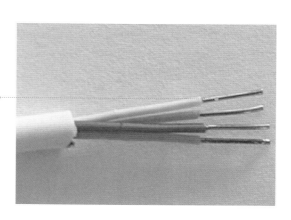

将电话线外层绝缘皮去掉50mm，然
后将4根线芯的绝缘皮去掉20mm，
注意不能伤害到线芯

▶电话线接线 步骤一

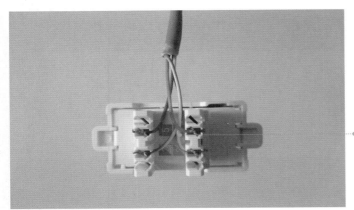

将 4 根线芯按照盒上的接线示意连接到端子上，有卡槽的放入卡槽中固定好

◀ 电话线接线 步骤二

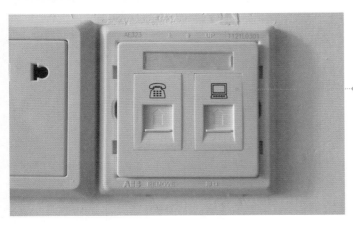

电话插座经常挨着普通插座，因为彼此顶部要平行，中间不能留有缝隙

◀ 电话线接线 步骤三

7.5.3 网络线接线

网络线的线芯有多股，因此接线的过程较为复杂，需要将线芯分类，然后再与插座端口连接。其连接方法如下所示。

网络线距离端头 20mm 处的网络线外层塑料套剥去，注意不要伤害到线芯，将线芯散开

▶ 网络线接线 步骤一

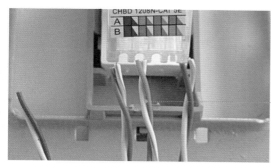

将网络线线芯按照色标分类，每 2 根线芯拧成一股

◀网络线接线　步骤二

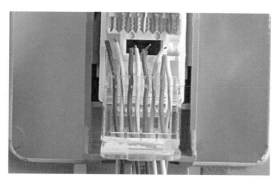

插线时每孔进 2 根线，色标下方有 4 个小方孔，分为 A、B 色标，一般用 B 色标

◀网络线接线　步骤三

线芯插入线槽后，用力将色标盖扣紧

◀网络线接线　步骤四

接线完成后，检查色标与线芯的连接是否准确，没有问题后再安装到暗盒中

◀网络线接线　步骤五

小贴士	自制网络线的方法	
第一步		用压线钳将双绞线一端的外皮剥去3cm，然后按 EIA/TIA 568B 标准顺序将线芯顺直并拢
第二步		将芯线放到压线钳切刀处，8根线芯要在同一平面上并拢，而且要尽量直，留下一定的线芯长度约为 1.5cm 并剪齐
第三步		将双绞线插入 RJ45 水晶头中，插入过程力度均衡直到插到尽头，并且检查 8 根线芯是否已经全部充分、整齐地排列在水晶头里
第四步		用压线钳用力压紧水晶头，抽出即可，一端的网络线就制作好了，用同样方法制作另一端网络线
第五步		最后把网络线的两头分别插到网络测试仪上，打开测试仪开关，测试指示灯亮起来。如果网络线正常，两排的指示灯都是同步亮的，如果有指示灯没同步亮，证明该线芯连接有问题，应重新制作

第 8 章
现场施工

电路现场施工从定位开始，包括各项开关、插座的具体位置需要在墙面中标记出来，然后进行画线、开槽。在开槽的过程中，横平竖直，并尽量减少施工灰尘以及噪声。开槽完毕并清理干净建筑垃圾后，开始加工、敷设穿线管，并将导线按照一定顺序穿入到穿线管中，同时采用管夹将穿线管固定在墙面、地面或者顶面上。

在具体的现场施工中，电路的施工步骤并没有十分明确的规定，定位、画线与开槽通常是同时进行的，而敷设穿线管、穿线、管卡固定也是同时进行的，各个环节的施工是相互结合进行的。

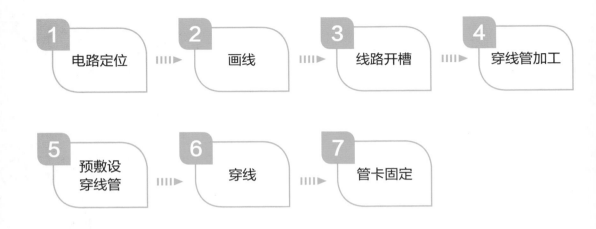

8.1 电路定位

电路定位是将室内原有的不合理的电路位置重新改造，规划到合适的位置。电路定位应充分照顾到室内的每一处空间、每一个角落，按照下列步骤进行，可提升效率，具体步骤流程如下。

步骤一：了解原有户型中所有的开关、插座以及灯具的位置，并对照电路布置图纸，确定需要改动的地方。

初步定位采用粉笔画线，并在上面标记出线路走向，以及定位高度

◀粉笔画线标记

步骤二：从入户门开始定位，确定开关及灯具的位置，然后在需要的位置安排插座。

可视电话的位置需要移动，安装过高不方便使用

◀可视电话定位

步骤三：定位客厅。确定灯具和开关的线路走向，考虑双控开关安装位置。若客厅为敞开式与餐厅一体的，将餐厅主灯开关与客厅主灯开关布设在一起。

客、餐厅一体式空间，开关布线应集中在靠近过道的位置

◀开关定位

步骤四：定位客厅。确定电视墙的位置，分布电视线、插座以及备用插座，并排分布在一条直线上；分布电话线在沙发墙角几的一端，分布角几备用插座。

毛坯房的电视墙一侧，建筑方通常只会预留 2~3 个插座和一个电视端口，而且位置很低，彼此的间距很大，需要重新定位

客厅的电路改造，要善于利用原有的线路，以减少新布线的长度

▲电视墙插座定位

▲沙发墙插座定位

步骤五：定位餐厅。围绕餐桌分布备用插座。餐桌临墙，插座则设计在墙上，反之则设计为地插。

面积较小的角落式餐厅，插座应设计在餐桌正靠的墙面上，开关则设计在靠近过道与厨房的位置

餐厅灯具线路和玄关、过道灯具线路要分开布线，不能布设在一起

▲餐厅开关、插座定位　　　　　　　　▲餐厅灯具定位

步骤六：定位卧室。卧室开关需定位在门边，与门边保持150mm以上的距离，与地面保持1200~1350mm的距离；床头一侧需定位灯具双控开关，与地面保持950~1100mm左右的距离。

卧室内的空调插座，应定位在侧边靠墙角的位置，或空调的正下方

卧室内的电视插座与电视线端口，应布置在床对侧墙面的中间，而不应靠近窗户

▲卧室空调插座定位　　　　　　　　▲卧室电视线端口定位

步骤七：定位卧室。卧室床头柜两侧，各安装两个插座，一侧预留电话线端口。

● 床头双控开关应安装在床头柜插座的正上方

◀卧室双控开关定位

步骤八：定位书房。书房开关定位在门口，灯具定位在房间中央。插座多定位几个在书桌周围。

步骤九：定位卫生间。卫生间灯具定位在干区的中央，浴霸、镜前灯等开关定位在门口，并设计防水罩。

● 坐便器位置的侧边，需预留一个插座。洗手柜的内侧，需预留一个插座

◀卫生间插座定位

步骤十：定位过道。长过道的灯具定位间距要保持一致，在过道两头设计双控开关。

8.2 画线

画线的重点在于开关、插座、灯具以及弱电的端口需要用文字标记清楚，线路走向应画出来。在实际的画线过程中，可使用水平尺、86 暗盒等工具辅助画线。画线的具体步骤如下。

步骤一： 在强电箱、开关、插座或网络线等端口处做文字标记。

利用原有开关位置的画线，需标记出用途与数量

▲ 开关画线

强电箱位置的标准画法及文字标记

▲ 强电箱画线

步骤二： 当开关、插座、灯位以及弱电等端口确定后，画出导线的走向。

墙面中的电路画线，只可竖向或横向，
不可走斜线，尽量不要有交叉

▲ 墙面画线

墙面导线走向地面衔接时，需保持线路
的平直，不可有歪斜

▲ 墙地面衔接画线

地面中的电路画线，不要靠墙面太近，最好保持 300mm
以上的距离，可避免后期墙面木作施工时，对电路造成
的损坏

◀ 地面画线

8.3 线路开槽（附视频）

线路开槽需要准备开槽机、冲击钻等工具，按照墙地面中画好的线路开槽。具体步骤如下。

线路开槽

步骤一： 墙面开槽。

开槽机按照画线开竖槽，然后再开横槽。开槽的顺序为从上到下，从左到右

▲ 开槽施工（一）

开槽机开出的线槽要求横平竖直，暗盒的位置按照画线处理为正方形

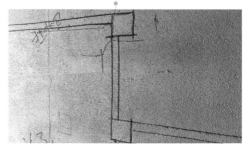

▲ 开槽施工（二）

开槽机开好线槽后，使用冲击钻将线槽内的混凝土铲除。该方法可避免破坏线槽的侧边，施工效果更好

▲ 开槽施工（三）

电视墙 50 管的开槽宽度是穿线管线槽的 3 倍

▲ 电视墙开槽细节

所有线路的开槽不可交叉，遇到交叉处，需转 90° 直角避开；2 个暗盒并联的情况下，采用统一的开线槽

▲ 多暗盒处开槽细节

步骤二：地面开槽。

开槽需严格按照画线标记进行，地面开槽的深度不可超过 50mm。开槽过程中，可采用浇水的方式以减少灰尘

地面 90° 转角开槽的位置，需切割出一块三角形，以便于穿线管的弯管

▲ 地面直线开槽

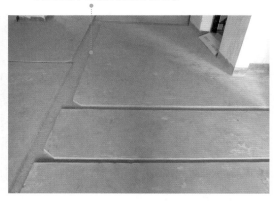

▲ 地面直角开槽

小贴士   **开槽施工技巧**

① 暗敷设的管路保护层要大于 15mm，穿线管弯曲半径必须大于穿线管直径 6 倍。

② 开槽的深度应保持一致，一般来说，其深度是 PVC 管的直径 +10mm。

③ 如果插座在靠近顶面的部分，在墙面垂直向上开槽，到墙顶部顶角线的安装线内。

④ 如果插座在墙面的下部分，垂直向下开槽，到安装踢脚板位置的底部。

8.4 穿线管加工

（1）穿线管的弯管

1） 冷搣法（管径 ≤ 25mm 时使用）

步骤一：断管。小管径可使用剪管器，大管径可使用钢锯断管，断口应锉平、铣光。

步骤二：搣弯。将弯管弹簧插入 PVC 管内需要搣弯处，两手抓牢管子两头，将 PVC 管顶在膝盖上，用手扳，逐步搣出所需弯度，然后抽出弯管弹簧。

▲ 弯管弹簧

▲ 弯管器

撖弯较长的穿线管时，在弯管弹簧的一端拴上
一根长线，方便弯管后将弯管弹簧拽出

穿线管弯管处应保持线管的圆
润，不能出现明显的折痕

▲ 弯管施工（一）

▲ 弯管施工（二）

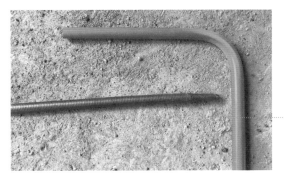

弯管完成后，将弹簧取出

◀ 弯管施工（三）

2）热撼法（管径＞25mm时使用）

步骤一：首先将弯管弹簧插入管内，用电炉或热风机对需要弯曲部位进行均匀加热，直到可以弯曲时为止。

步骤二：将管子的一端固定在平整的木板上，逐步撼出所需要的弯度，然后用湿布抹擦弯曲部位使其冷却定型。

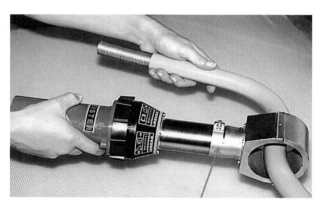

▲加热弯管部位

（2）穿线管的直线连接

1）直接配件连接

直接配件连接是最常见的穿线管直接连接方法，因为有成品的直接配件，因此连接过程较为方便。其连接步骤如下。

步骤一：准备一个直接接头，若穿线管为三分管，则准备三分管直接；若穿线管为四分管，则准备四分管直接。

步骤二：将准备好的两根穿线管，各自插入直接的一段，拧紧即可。

将直接摆放在两根穿线管的中间，准备连接

▲直接配件连接（一）

将直接与其中一根穿线管连接

▲直接配件连接（二）

将直接与剩下的一根穿线管连接，完成后，并检查连接的紧实度

◀直接配件连接（三）

2）绝缘胶带缠绕连接

绝缘胶带缠绕连接是利用穿线管作为直接配件，然后用绝缘胶带缠绕固定的连接方法。这种方法连接的穿线管质量最高，但操作较为复杂。其连接步骤如下。

步骤一：准备一根长度为 100~150mm 的穿线管，用电工刀将穿线管豁开。

步骤二：豁开的穿线管将需要连接的两根穿线管包裹起来，然后用黑胶带将豁开的穿线管缠绕起来。

豁开的穿线管   绝缘胶带

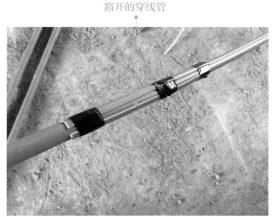 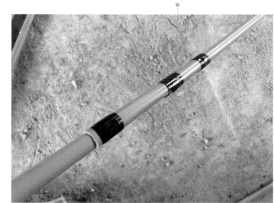

▲绝缘胶带缠绕连接

3）四分管套三分管连接

四分管套三分管连接是最简单的穿线管直接连接方法，该方法操作简单，但牢固度较差。其连接步骤如下。

步骤一：准备 1 根四分管，1 根三分管，然后将 2 根穿线管的端口对齐摆放好。

步骤二：将三分管插入四分管中，深度为 100~200mm 之间。若想要增加牢固度，可在三分管和四分管的接口处缠绕绝缘胶布，以防止穿线管移位。

三分管　　　　　　四分管

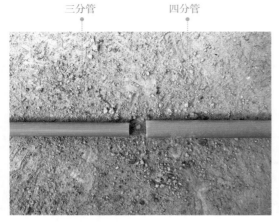

▲ 四分管套三分管连接

（3）穿线管与暗盒连接

穿线管与暗盒的连接需要锁扣和锁母，通过锁扣和锁母的连接使暗盒和穿线管连接。其连接步骤如下。

步骤一：准备暗盒、锁扣、锁母以及穿线管。将暗盒上的圆片去掉，准备安装锁母。

步骤二：将锁母安装到暗盒中，然后将锁扣与锁母拧紧。

步骤三：将穿线管固定到锁扣中，安装牢固。

暗盒　　　　　锁母　锁扣　　　　　　暗盒圆片去掉后，锁母从暗盒内部安装

▲ 穿线管与暗盒连接（一）　　　　　　▲ 穿线管与暗盒连接（二）

锁母与锁扣拧紧到不再晃动为止

穿线管插入到锁扣中

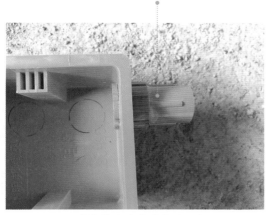

▲穿线管与暗盒连接（三）

▲穿线管与暗盒连接（四）

8.5 敷设穿线管（附视频）

敷设穿线管是将穿线管敷设到指定的位置，将穿线管长短裁切好、连接配件准备好，等待导线穿好后，将穿线管固定起来。穿线管在敷设的过程中，有些要求、规范与技巧需要了解，具体要点如下。

① 按合理的布局要求敷设穿线管，暗埋穿线管外壁距墙表面不得小于 30mm。

▲敷设穿线管

敷设穿线管

② PVC 管弯曲时必须使用弯管弹簧，弯管后将弹簧拉出，弯曲半径不宜过小，在管中部弯曲时，将弹簧两端拴上铁丝，以便于拉动。

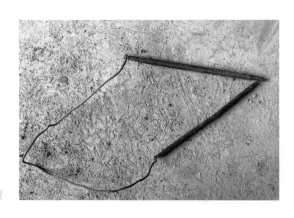

▶连接铁丝的弯管弹簧

③ 弯管弹簧要安装在墙地面的阴角衔接处。安装前，需反复地弯曲穿线管，以增加其柔软度。

▲弯角处穿线管安装

④ 穿线管与暗盒、线槽、箱体连接时，管口必须光滑，暗盒外侧应该套锁母，内侧应装护口。

暗盒预埋

◀暗盒安装锁母、锁扣

⑤ 敷设穿线管时，直管段超过 30m、含有一个弯头的管段每超过 20m、含有两个弯头的超过 15m、含有 3 个弯头的超过 8m 时，应加装暗盒。

⑥ 弱电与强电相交时，需包裹锡箔纸隔开，以起到防干扰效果。

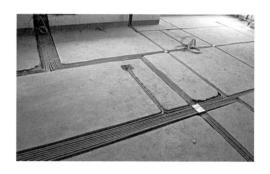

◀交叉处包裹锡箔纸

⑦ 用金属穿线管时，应设置接地。

⑧ 为了保证不因为穿线管弯曲半径过小，而导致拉线困难，故穿线管弯曲半径应尽可能放大。穿线管弯曲时，半径不能小于管径的 6 倍。

◀地面穿线管弯管

⑨ 敷设穿线管排列应横平竖直，多管并列敷设的明管，管与管之间不得出现间隙，拐弯处也一样。

◀多管并列敷设

⑩ 在水平方向敷设的多管（管径不一样的）并设线路，一般要求小规格线管靠左，依次排列，以每根管都平服为标准。

8.6 穿线（附视频）

（1）穿线的方法

穿线管穿线由于导线和穿线管的长度都很长，直接将导线穿入穿线管中，往往无法从穿线管的另一头穿出来，因此需要了解并掌握穿线的方法。其具体步骤如下。

步骤一：准备好需要穿线的导线，去除导线的绝缘层，露出 100~200mm 左右长度的纯铜线芯。

步骤二：用电工钳将线芯向内弯曲成一个 U 字形，三股线并成一股，用线芯拧紧。

步骤三：将铁丝穿入线芯的圆孔中，并拧紧铁丝，然后将铁丝穿入穿线管即可。

·····▶ 将三根线芯逐个向内弯曲

◀ 穿线制作（一）

选择其中一根线芯将所有线芯捆绑在一起；铁丝同样要捆绑起来，防止穿线的过程中脱落

穿线完成后，将线芯端头剪掉即可

▲ 穿线制作（二）　　　　　　　▲ 穿线制作（三）

小贴士　　　　　　**穿线方法的手绘图示**

将端头弯成小钩插入管口　　引线采用直径为 1.2mm（18 号）的导线穿线方法或 1.6mm（16 号）的钢丝

把钢丝从弯管的短头穿入（边转边穿），这样更容易穿入

先用长钢丝从一头穿入，如果钢丝在第二个转弯处不能穿出，再用短钢丝从另一头穿入，当钢丝穿过转弯处后，旋转短钢丝使两根钢丝缠绕在一起，然后抽出短钢丝把长钢丝带出来

▲穿线手绘图示

（2）穿线的要求与规范

穿线过程中的要求与规范如下。

① 强电与弱电不应穿入同一根管线内。

② 强电与弱电交叉时，强电在上，弱电在下，横平竖直，交叉部分需用铝锡纸包裹。

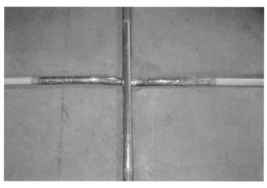

电视线和网线的穿线

▲强弱电交叉工艺

▲红黄蓝三色导线

③ 导线颜色应正确选择，三线制必须用三种不同颜色的导线。一般红、绿双色为火线色标，蓝色为零线色标，黄色或黄绿双色线为接地线色标。

④ 同一回路导线需要穿入同一根线管中，但管内总导线数量不宜超过 8 根，一般情况下 $\phi 16$ 的导线管不宜超过 3 根导线，$\phi 20$ 的导线管不宜超过 4 根导线。

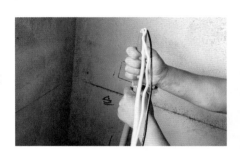

▲穿入三根导线的穿线管

⑤ 导线总截面面积（包括外皮）不应超过管内截面面积的 40%。

⑥ 电源线插座与电视线插座的水平间距不应小于 50mm。

⑦ 接电源插座的连线时，面向插座的左侧应接零线，右侧应接火线，中间上方应接地线。

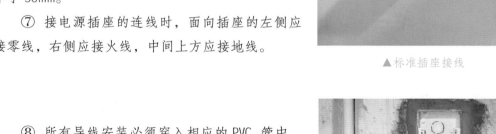

▲标准插座接线

⑧ 所有导线安装必须穿入相应的 PVC 管中，且在管内的线不能有接头，穿入管内的导线接头应设在接线盒中，导线预留长度不宜超过 15cm，接头搭接要牢固，用绝缘带包缠，要均匀紧密。所有导线分布到位并确认无误后即可进行通电测试。

▲接头缠绕绝缘胶布

⑨ 线管内事先穿入引线，之后将待装导线引入线管之中，利用引线可将穿入管中的导线拉出，若管中的导线数量为 2~5 根，应一次穿入。

⑩ 导线穿过暗盒时，先将暗盒取出，待导线穿过之后，再将暗盒固定到墙体中。

◀暗盒穿线

8.7 管卡固定

管卡固定施工几乎与穿线管敷设、穿线同步进行，当导线在穿线管中穿好之后，将穿线管摆正，就可以开始固定管卡了。管卡的组合有很多，有些属于组装管卡，有些属于简易管卡，使用时视安装位置而定。管卡固定的施工要点如下。

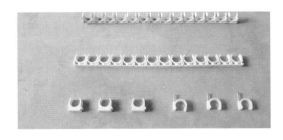

◀管卡组合

① 地面采用明管敷设时，应加固管夹，卡距不超过 1m。需注意在预埋地热管线的区域内严禁打眼固定。

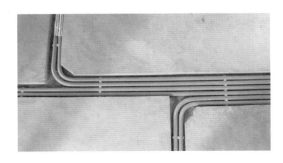

◀地面管卡固定

② 墙面中的管卡固定，需要每隔 300~400mm 固定一个，在转弯处应增设管卡。

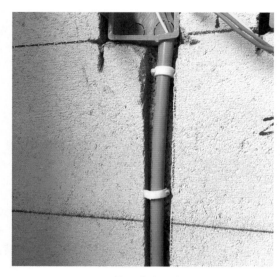

▲墙面管卡固定　　　　　　　　　　　　　　▲转弯处增设管卡

③ 顶面中的管卡每隔 500~600mm 固定一个，接近线盒和穿线管端头的位置需要增设管卡。

▲顶面管卡固定

第 9 章
智能家居系统施工

　　随着智能化的普及，智能家居在室内的运用也越来越多，常见的如电动窗帘、智能照明等，是电路后期施工中较为重要的一个环节。在具体的智能家居施工中，需要先设置系统主机，然后通过预埋在墙面内的网络线，将不同的要求传达到各个终端，实现家居的智能化使用。

　　在家装的智能家居中，智能开关、智能插座以及智能窗帘是运用最多的智能化施工，这部分是智能化家具系统施工的核心内容，需要熟练掌握。

9.1 智能家居系统主机

智能家居系统主机可通过计算机和手机远程监控家里的情况，若出现防火、失盗等，智能主机会第一时间通过短信告知家里情况，从而快速报警。智能家居主机采用国际通用 Z-Wave 协议，全部采用无线传输方式，安装方便快捷。

▲ 无线智能家居主机

（1）智能家居主机的系统结构

1）智能家居控制子系统

主机系统可以控制家用电器或其他设备的电源开关、温度调节、频道调节等控制功能，可以输出经过预设定的各种设备的红外遥控码功能。这些功能使得对家用电器的智能控制非常方便。软件系统具有用户自编程功能，对家电设备的控制完全可以由用户来设定，如定时控制、触发控制等。这类功能不仅可通过计算机来控制，还可通过手机来控制。

2）报警控制子系统

报警系统采用红外对射、红外幕帘、门磁、煤气、火警等探测器的报警信号，通过有线或无线的方式传送到智能家居主机，对这些信息进行分析后，如果是报警信号则立即发出报警。报警方式有警号鸣响、循环拨打电话、向服务器发送报警信号、向正在连接的计算机发送报警信号等。智能家居主机可接入 16 路有线报警信号与 32 路无线报警信号。

3）视频监控子系统

智能家居主机可接入 4 路视频图像，其中 2 路还可以通过 2.4GHz 的无线接入。4路图像可以设置 24 小时录像、触发录像以及远程控制录像，机内硬盘可以保存半个月以上的连续录像。保存的录像可以在显示器或电视机中观看，也可以在手机上观看。

（2）智能家居主机的安装

1）安装要求

① 需要一台电视机或监视器，也可以是显示器。

② 需要一些报警探测器的连接件，可以使用 4 芯电话线代替。

③ 需要一路可以拨打市话的电话线。

④ 需要 220V 电源，最好还有 UPS 等备用电源。

⑤ 主机需安装在通风、干燥、无阳光直射的室内环境里。

▲ 智能家居主机

2）安装步骤

步骤一：安装硬件前面板，主要包括键盘和指示灯。键盘各键的功能是根据菜单的变化而变化的。

步骤二：安装硬件后面板，包括各种接线端口，主要有 VGA 接口、视频接口、网络接口以及电话接口等。

步骤三：安装摄像机，连接视频线到视频输入接口，最多可接 4 路图像，其中，第一、第二路有无线和有线两种接入方式，可任意选择一种。

步骤四：安装并连接有线接入的各种探头。

步骤五：连接视频输出到电视机或监视器。

步骤六：安装无线接入的各种探头。如是单独购买的无线探头，需要先录入到主机里，被主机识别认可后方可使用。

步骤七：安装智能家居无线控制开关。如是单独购买的开关设备，需要先录入到主机里，被主机识别认可后方可使用。

智能家居主机的性能指标

功能	指标	功能	指标
视频解码度	4 路 CIF，352×288	网络接口	100M 以太网
视频压缩格式	MPEG4	显示接口	VGA 与 VA 双显示
视频制式	PAL 制式	电话接口	PSTN 电话接口
最大帧率	4×25 帧全实时	16 路有线报警输入信号	无源开关量，常闭型，断开为报警
视频宽带	64K–2Mbit/s 可调	6 路有线输出信号	500mA 的 TTL 电平信号，可接继电器等
无线视频使用频率	2.4GHz	1 路有线警笛输出信号	2A/12V 开关信号，可直接接警笛等

9.2 智能开关

9.2.1 单联、双联、三联智能接线

（1）单联智能开关接线

L 接入火线，单联智能开关只有一路（L1）输出。

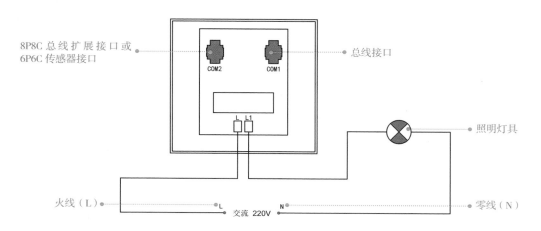

▲ 单联智能开关接线

（2）双联智能开关接线

L 接入火线，双联智能开关有两路（L1、L2）输出。

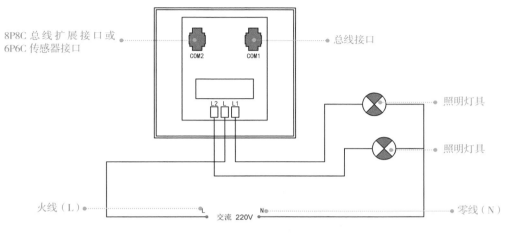

▲ 双联智能开关接线

（3）三联智能开关接线

L 接入火线，三联智能开关有三路（L1、L2、L3）输出。

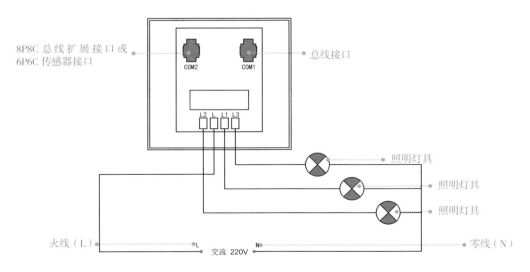

▲ 三联智能开关接线

接线指导

通信总线水晶头要求接入 COM1，当安装有其他智能设备时，可以通过总线拓展接口 COM2 连接到相邻智能设备的 COM1 接口中。若选购的智能开关规格指明 COM2 为传感器接口，则不能作为通信总线扩展接口使用。

9.2.2 智能照明开关

智能照明开关可实现灯控与调光两种功能，配合智能家居主控设备实现了普通电器的无线遥控控制和智能化控制，能极大地改善人们的日常生活，为人们的生活带来极大的便利。

▲ 智能照明开关

（1）功能特点

① 体积小，安装方便快捷，可直接代替普通开关面板。

② 可双重控制，能隔墙无线控制，也能使用面板上的按钮控制。

③ 具有一路、两路面板，分别可接一路、两路负载。

④ 停电后再来电处于关闭状态，避免不必要的电能浪费。

⑤ 使用各种灯具，包括白炽灯、LED 节能灯、射灯、灯带等。

（2）配置调试

① 注册系统标识码。按任意单元按钮，相应指示灯立即闪烁，表示该设备已经进入设置状态。使用主控设备进行注册系统标识码操作，注册成功后指示灯停止闪烁。

② 注册单元码。按下欲配置单元的对应按钮，相应指示灯立即闪烁，表示设备已经进入设置状态。使用主控设备进行注册单元码操作，注册成功后指示灯停止闪烁。

③ 根据系统实际需要，如果该设备需要打开中继功能，则功能开关拨到中继挡即可。

④ 用智能手机或中控主机无线操作控制测试设备是否正常，主控设备能否显示该设备的状态变化。

⑤ 直接在该设备的面板按钮上操作测试其是否能正常工作，并能把状态信息反映到主控设备上。

（3）操作说明

① 按钮操作。在正常模式和中继模式下，单按面板按钮可切换灯具的开、关状态。灯开启时，单次按下则对应单元的灯具开启（此时面板指示灯熄灭）；再次按下则对应单元的灯具熄灭（此时面板指示灯亮）。

② 无线操作。该设备能被无线控制，如智能手机控制。当智能手机开启开关时，对应单元的灯具开启，面板上对应的指示灯熄灭；灯被关闭时，面板上对应的指示灯亮。

9.2.3　智能空调开关

无线智能空调开关配合智能家居主控设备，实现了家用空调的无线遥控控制和智能化控制，为人们的生活带来了极大的便利。

▲ 智能空调开关

（1）功能特点

① 体积小，安装方便快捷，可直接安装在空调旁的 86*86 暗盒上。

② 可实现多种控制方式，可以远距离无线控制，也可以直接用面板上的按钮控制。

③ 可远距离查看空调工作状态，控制时能返回当前状态。

（2）配置调试

① 长按空调控制器面板上的"学习"按钮 3s 后松开，进入"红外学习模式"。

② 按一下"确认"按钮，进入"等待红外码状态"。90s 未学习到红外码，将超时退出。

③ 将空调遥控器对准红外学习窗发出要学习的红外码。比如，要学习"开 17℃"红外码，应先将空调遥控器打开到 16℃，学习时按下空调原配遥控器上调温度按钮，发出"开 17℃"红外码。

④ 按下"确认"按钮完成红外码学习，进入正常操作模式。用面板"开 / 关""上调""下调"按钮进行测试其是否能正常操作。

（3）操作说明

① 无线操作。支持无线上调、下调、开启、关闭操作。

② 按钮操作。面板按钮操作包括开启（默认 26℃）、关闭、上调、下调操作。

③ 工作指示灯。空调处在工作状态时，工作指示灯亮。如果约 10s 内没有检测到空调开启，则指示灯熄灭，并把工作状态变化反映给主控设备。

9.3 多功能面板

（1）多功能面板的安装

① 要准确按多功能面板背部标识正确接线。接线端子与插座以颜色配对，传感器接口为橙色对橙色，总线接口为绿色对绿色。

② 安装低压模块前要将面板组件，然后用两个 M4*25 规格螺钉，将低压模块安装并固定到墙面暗盒上。

③ 检测面板组件是否安装到位，以磁铁吸合的声音作为判断的标准。

④ 纸板可按箭头方向拔出，或插入面板侧面开槽（针对插纸型多功能面板）。

▲ 多功能面板

（2）多功能面板的接线

当多功能面板不带有驱动模块时，多功能面板只需接入 COM1 通信总线即可。当相邻安装有其他智能设备时，可以通过总线拓展接线 COM2 连接到相邻智能设备的 COM1 接口。若选购的多功能面板规格指明 COM2 为传感器接口（即 6P6 接口），则不能作为通信总线扩展接口使用。

当多功能面板带有驱动模块时，驱动模块可控制灯光、风扇、电控锁以及大功率设备等，具体接线方式有如下几种情况。

① 带单路驱动模块接线。L 接入火线，单路驱动模块只有一路（L1）输出。

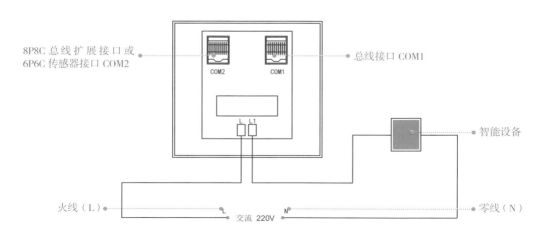

▲ 带单路驱动模块接线

② 带双路驱动模块接线。多功能面板带双路驱动模块时，有两路（L1、L2）输出，L 接入火线。

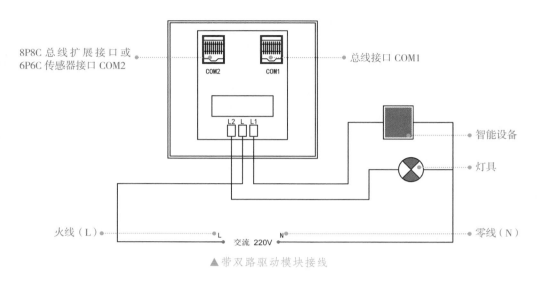

▲ 带双路驱动模块接线

③ 带三路驱动模块接线。多功能面板带三路驱动模块时，有三路（L1、L2、L3）输出，L 接入火线。

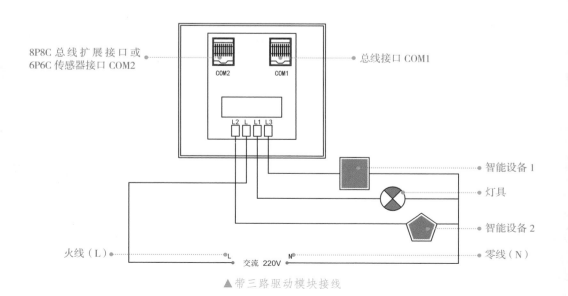

▲ 带三路驱动模块接线

④ 带四路驱动模块接线。多功能面板带四路驱动模块时，有四路（L1、L2、L3、L4）输出，L 接入火线。

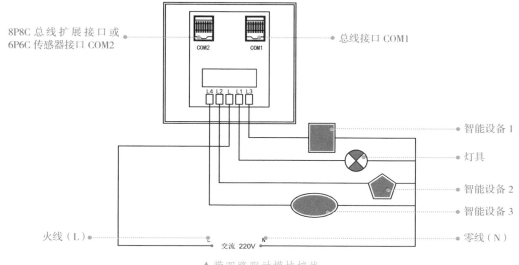

▲带四路驱动模块接线

⑤ 控制超大功率设备的接线。当控制对象大于 1000W 而小于 2000W 的大功率设备时，可选用智能插座控制；当控制对象为大于 2000W 的超大功率设备时，也可选用带继电器驱动模块的多功能面板驱动一个中间交流接触器，再由交流接触器转接驱动超大功率设备。

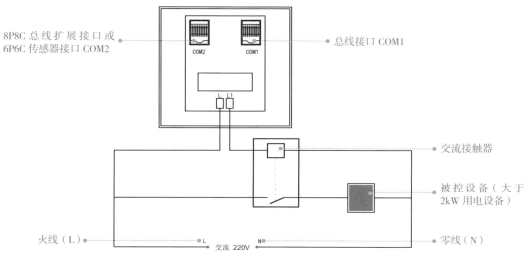

▲控制超大功率设备的接线

9.4 智能插座

智能插座是节约用电量的一种插座，对被控家用电器、办公电器电源实施定时控制开通和关闭。高档的节能插座不但节电，还能保护电器（具备清除电力垃圾的功能）。此外，节能插座还具有防雷击、防短路、防过载、防漏电、消除开关电源和电器连接时产生电脉冲等功能。

▲ 智能插座

(1) 智能插座的特点

① 体积小，安装方便，可直接安装到 86 暗盒上。

② 接收室内主控设备指令，实现对电器的遥控开关、定时开关、全开全关、延时关闭等功能。

③ 接收中心主控设备指令实现远程控制。

④ 主要用于控制电视机、音响、电饭煲、饮水机、热水器等电器设备。

⑤ 停电后再来电为关闭状态。

(2) 智能插座的接线

智能插座强电接线方式和传统插座的接线方式基本一致，不同的是多出一个通信总线接口 COM。智能插座只有一个通信总线接口 COM（8P8C），将水晶头插入通信总线接口 COM 即可。

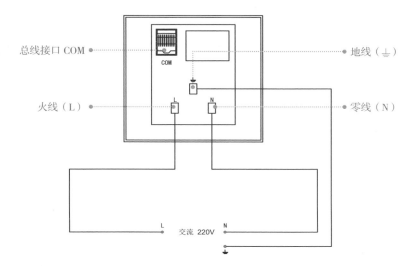

◀ 智能插座的接线

9.5 智能窗帘控制器

智能窗帘控制器可实现对窗帘的电动控制，控制器上有"开""关"两个按钮和一个"指示灯"。同时，智能窗帘控制器可实现远程控制，利用智能手机等设备在远端控制窗帘的开合。

▲ 智能窗帘控制器

(1) 智能窗帘控制器的特点

① 体积小、安装方便，可直接安装在 86 暗盒上。

② 可实现双重控制，能隔墙实施无线控制或使用面板上的触摸开关手动控制。

③ 当停电后再来电，窗帘仍保持停电前的状态。

④ 具备校准功能，适合不同宽度（小于 12m）的窗帘。

(2) 智能窗帘控制器的接线

L 输入电压为电动窗帘的交流电源输入端（火线），L1、L2 分别为电动窗帘的左右或上下开闭输出控制端，若电动机转向相反，则将 L1、L2 接线端对调即可；电动机的公共端（N）接零线；COM1 接入通信总线。

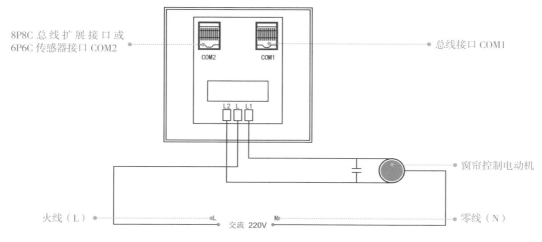

8P8C 总线扩展接口或
6P6C 传感器接口 COM2

COM2　　COM1

总线接口 COM1

L2　L　L1

窗帘控制电动机

火线（L）

交流 220V

零线（N）

▲ 智能窗帘控制器的接线

9.6 智能报警器
9.6.1 无线红外报警器

无线红外报警器由有线红外探头 +V8 无线收发模块组成。无线红外报警器留有 +12V（红色线）和地线（黑色线）两条电源线，只需要外给供 DC+12V 电源即可。

▲ 无线红外报警器

（1）配置调试

① 进入注册模式。按下 V8 无线收发模块上的按钮，则 V8 无线收发模块上 LED 会每 1s 闪烁 1 次。

② 注册系统标识码。使用主控设备（如中控主机或智能手持控制器）进行注册系统标识码的操作，注册成功后，LED 会每 3s 闪烁 1 次（正常状态）。

③ 再次进入注册模式。按下 V8 无线收发模块上的按钮，则 V8 无线收发模块上 LED 每 1s 闪烁 1 次。

④ 注册单元码。使用主控设备（如中控主机或智能手持控制器）进行注册系统单元码的操作，注册成功后，LED 会每 3s 闪烁 1 次（正常状态）。

⑤ 注册完成后即可正常工作。

（2）使用方法

只需要注册到中控主机上就可以正常工作，无线红外报警器支持布防、撤防操作。在布防状态下，报警触发则会发出报警信号。报警时 V8 无线收发模块上的 LED 快速闪烁。

9.6.2　无线瓦斯报警器

无线瓦斯报警器是工程上常用的俗称，其学名为 CH4 报警器、燃气探测器、可燃气体探测器等。无线瓦斯报警器的主要作用是探测可燃气体是否泄漏。可探测的燃气包括液化石油气、人工煤气、天然气、甲烷、丙烷等。

▲ 无线瓦斯报警器

（1）功能特点

① 带有传感器漂移自动补偿功能，真正防止了误报和漏报。

② 报警器故障提示功能，以便用户更换或维修，防止报警器在用户不知情的情况下出现故障。

③ MCU 全程控制，工作温度在 −10~60℃ 。

④ 附加功能包括联动排气扇、联机械手、电磁阀。

（2）安装要求

① 报警器的安装高度一般为 1600~1700mm，以便于维修人员进行日常维护。

② 报警器是声光仪表，有声、光显示功能，应安装在人员易看到和易听到的地方，以便及时消除隐患。

③ 报警器的周围不能有对仪表工作有影响的强电磁场，如大功率电机或变压器等。

④ 被探测气体的密度不同，室内探头的安装位置也应不同。被测气体密度小于空气密度时，探头应安装在距吊顶 300mm 以外，方向向下；反之，探头应安装在地面 300mm 以上，方向向上。

9.6.3 无线紧急按钮

无线紧急按钮配合智能家居系统的主控设备，实现了家居在紧急情况下发出紧急报警信号，中控主机将处理的报警信号向警务管理中心求助。

▲ 无线紧急按钮

（1）功能特点

① 体积小，安装方便，可以将紧急按钮直接安装在 86 暗盒内。

② 低功率、低电耗，两节 7 号碱性电池可以使用 2 年；有欠电压指示功能，便于及时更换电池。

③ 适用于家庭居室、酒店客房等环境。

（2）配置调试

① 强制。将功能开关拨到"强制"位置，进入 1、2 路强制布防工作状态，不处理主控机的撤防指令。

② 注册 1。将功能开关拨到"设置 1"位置，进入注册 1 路模式，主控设备即进行注册操作，指示灯 1 每秒闪烁 2 次。

③ 注册 2。将功能开关拨到"设置 2"位置，进入注册 2 路模式，主控设备即进行注册操作，指示灯 2 每秒闪烁 2 次。

④ 正常。将功能开关拨到"正常"位置后，无线紧急按钮进入正常工作模式。

9.7 电话远程控制器

电话远程控制器是通过远程电话语音提示来控制远程电器的电源开关，具有工作稳定、控制可靠的特点，其分为两个部分：主控器和分控器。主控器通过外线电话拨入，通过语音提示、密码输入，验明主人身份后进入受控状态；分控器通过地址方式接收来自主控器的信号，并进行电器的通断操作。

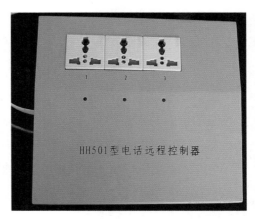

▲ 电话远程控制器

（1）远程操作方式

① 用手机或固定电话拨通与电话远程控制器相连接的电话。响铃五次后将出现提示音"请输入密码"；通过手机或固定电话上的键盘拨入六位密码，按"#"号结束。

② 接着又出现提示音"请输入设备号"（指1、2、3三个电源插座上的电器设备），如操作1插座上的设备就拨"1#"，同样的，2、3上的插座就拨"2#"、"3#"。

③ 出现提示音"0通电、1断电、2查询"。拨"0"该插座通电，同时相应的指示灯亮；拨"1"原通电状态将断电，同时指示灯熄灭；拨"2"语音会提示该插座目前是"通电状态"或"断电状态"。

④ 当操作正确无误时，会听到"操作成功"的语音提示，并出现"请输入设备号"的新一轮语音提示，以便继续操作。

（2）本地操作方式

① 将电话摘机。

② 按一下电话远程控制器右侧的本控按钮，听到提示音"请输入设备号"；输入"1#""2#""3#"，提示音"0通电、1断电、2查询"；输入"0"或"1"或"2"，操作三个设备的通、断状态，同时会看到指示灯的亮、灭，以判断相应的插座是通电状态还是断电状态。

③ 操作结束后，将听到提示音"请输入设备号"以进行下一轮操作，直到操作完全结束。

9.8 集中驱动器

集中驱动器属于系统中可选安装的集中驱动单元，便于将灯光、电器的电源集中布线安装和日后维修。集中驱动器适用于实施布线管理的小区别墅、单元式住宅以及娱乐场所等。其中，最常见的用途是和灯光场景触摸开关配合使用，构成智能灯光场景群控效果。

▲ 集中驱动器

集中驱动器的安装接线

集中驱动器采用标准卡轨式安装，每个可提供4~6路驱动输出，驱动对象包括灯光、中央空调、电控锁、电动窗帘、新风系统、地暖等。集中驱动器还具有三路或六路干接点输入接口，可以接入任何第三方的普通开关面板，使普通开关面板发挥智能控制面板的功效。同时，集中驱动器还具有输出旁路应急手动操作和产品故障自诊断指示功能。

　　集中驱动器通过通信总线接受多功能面板的控制，使得多功能面板无需再带高压驱动模块，只需通过管理软件来定义多功能面板各界面的控制对象即可，实现面板操作和高压驱动的完全分离。

　　面对不同的驱动对象，集中驱动器的具体接线如下。

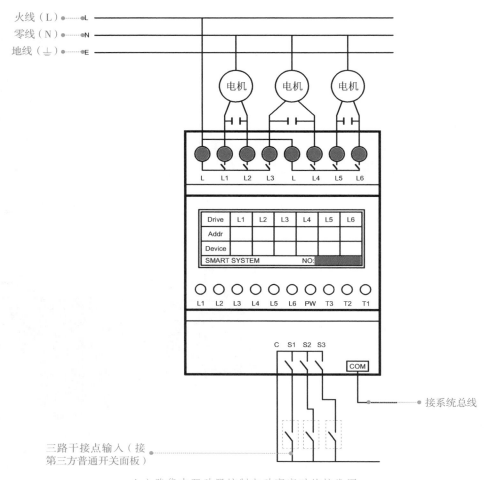

▲ 六路集中驱动器控制电动窗帘时的接线图

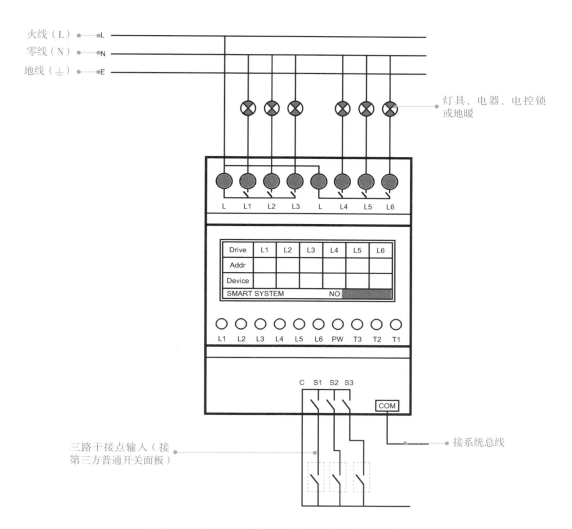

▲六路集中驱动器控制灯具、电器、电控锁或地暖时的接线图

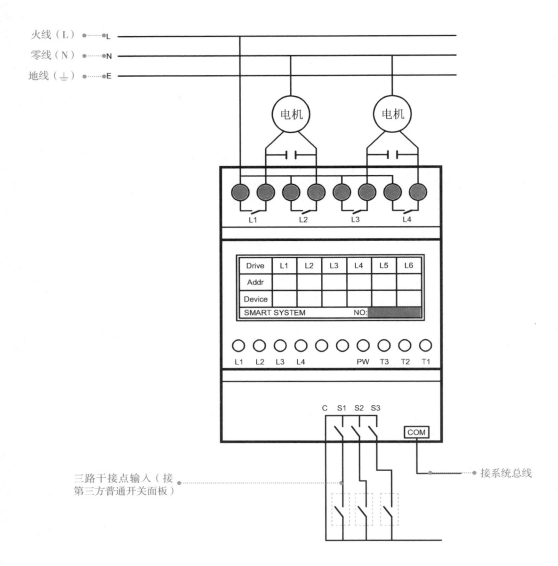

▲六路集中驱动器控制中央空调时的接线图

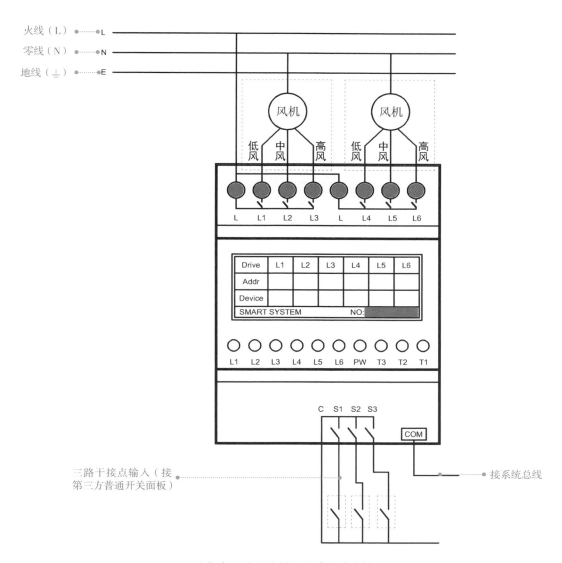

火线（L）
零线（N）
地线（⏚）

L
N
E

风机　　　　风机

低风　中风　高风　　　低风　中风　高风

L　L1　L2　L3　　L　L4　L5　L6

Drive	L1	L2	L3	L4	L5	L6
Addr						
Device						
SMART SYSTEM			NO:			

L1　L2　L3　L4　L5　L6　PW　T3　T2　T1

C　S1　S2　S3

COM

三路干接点输入（接
第三方普通开关面板）

接系统总线

▲六路集中驱动器控制新风系统时的接线图

159

9.9　智能转发器

　　智能转发器（无线红外转发器）可将 ZigBee（一种短距离、低功耗的无线通信技术）无线信号与红外无线信号关联起来，通过移动智能终端来控制任何使用红外遥控器的设备，如电视机、空调器、电动窗帘等。

▲ 智能转发器

　　智能转发器一般安装在顶面，也可以采用壁挂式安装。如果安装的是集成有人体移动感应探头的双功能或三功能智能转发器，则还要遵循以下原则。

　　① 应安装在便于检测人活动的地方，探测范围内不得有屏障、大型盆景或其他隔离物。

　　② 安装距离地面应保持在 2~2.2m。

　　③ 远离空调器、电冰箱、电火炉等空气温度变化敏感的地方。

　　④ 安装位置不要直对窗口，会受到窗外的热气流扰动，瞬间强光照射以及人员走动会引起误报。

　　⑤ 安装在顶面的智能转发器和家电设备（如电视机、音响等设备）的红外接头不能垂直，至少保证有 45° 夹角，否则可能无法控制家电设备。

第 10 章
用电设备安装

  用电设备安装属于电路施工的后期工程，通常等到室内其他工种均施工完毕后，才开始进行用电设备的安装。其中，照明设备需要灯具到场后，电工或者灯具厂家派人来安装；家用电器需要等家具进场，并布置好之后，才开始电器的安装与固定。

  在具体的用电设备安装过程中，对于灯具、电器的固定需要谨慎小心，不可破坏已经施工好的项目，同时要保证电器固定牢固。

10.1 基础项目安装

10.1.1 配电箱安装

（1）强电箱安装

步骤一：根据预装高度与宽度定位画线。

▲强电箱定位

步骤二：用工具剔出洞时，敷设管线。若剔洞时内部有钢筋，则应重新设计位置。

▲剔洞

步骤三：将强电箱箱体放入预埋的洞口中稳埋。

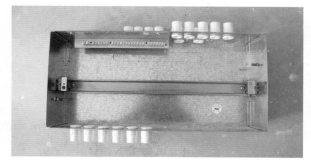

▲强电总箱套杯梳

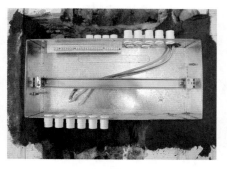

▲强电总箱埋设

步骤四：将线路引进电箱内，安装断路器，接线。

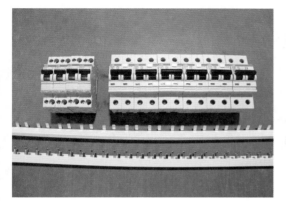

▲ 准备断路器

▲ 强电箱接线

步骤五：检测电路，安装面板，并标明每个回路的名称。

▲ 绝缘电阻测试

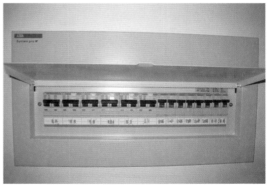

▲ 标明回路名称

（2）弱电箱安装

步骤一：根据预装高度与宽度定位画线。

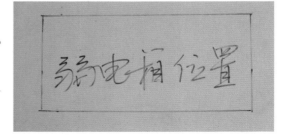

▲ 弱电箱定位

步骤二：用工具剔出洞口、埋箱，敷设管线。

▲剔洞、敷设管线

步骤三：根据线路的用处不同压制相应的插头。

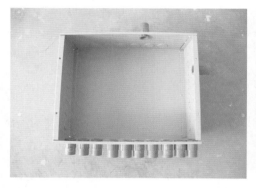

▲弱电箱箱体

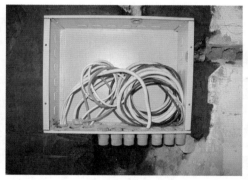

▲隐埋弱电箱

步骤四：测试线路是否畅通。

▲压制插头，测试

步骤五：安装模块条、安装面板。

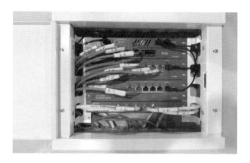

▲安装完成

10.1.2 开关、插座面板安装

（1）暗盒预埋施工

步骤一：按照稳埋盒、箱的正确方式将线盒预埋到位。

▲暗盒开槽

▲准备暗盒

步骤二：管线按照布管与走线的正确方式敷设到位。若暗盒活动，可采用发泡胶固定。

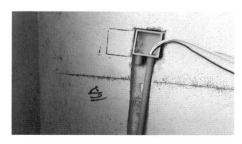

▲敷设穿线管、导线

步骤三：用錾子轻轻地将盒内残存的灰块剔掉，同时将其他杂物一并清出盒外，再用湿布将盒内灰尘擦净。如导线上有污物也应一起清理干净。

▲ 清理暗盒

步骤四：先将盒内甩出的导线留出 15 ～ 20cm 的维修长度，削去绝缘层，注意不要碰伤线芯，如开关、插座内为接线柱，将导线按顺时针方向盘绕在开关、插座对应的接线柱上，然后旋紧压头。

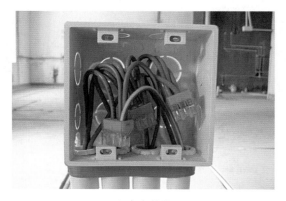

▲ 暗盒接线

（2）开关面板安装

步骤一：理顺盒内导线，当一个暗盒内有多根导线时，导线不可凌乱，应彼此区分开。

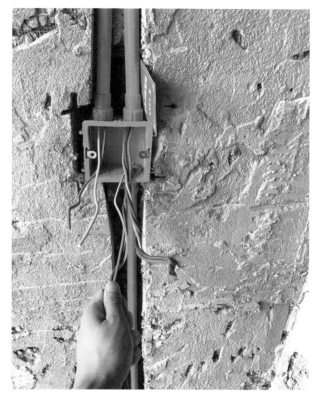

▲理顺凌乱导线

步骤二：将盒内导线盘成圆圈，放置于开关盒内。

▲导线盘成圆圈

步骤三：电线的端头需缠绝缘胶布或安装保护盖，暗藏在暗盒内，不可外露出来。

步骤四：准备安装开关前，用锤子清理边框。

步骤五：将火线、零线等按照标准连接在开关上。

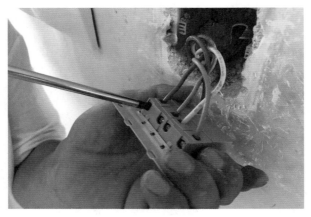

▲ 开关接线

步骤六：水平尺找平，及时调整开关水平。

步骤七：用螺丝钉固定开关，盖上装饰面板。螺丝拧紧的过程中，需不断调节开关的水平，最后盖上面板。

▲ 螺丝钉固定

▲ 盖上装饰面板

（3）插座面板安装

插座安装有横装和竖装两种方法。横装时，面对插座的右极接火线，左极接零线。竖装时，面对插座的上极接火线，下极接零线。单相三孔及三相四孔的接地或接零线均应在上方。具体安装步骤如下。

步骤一：火线、零线以及地线按照插座背板正确连接，并拧紧导线与开关的固定点。

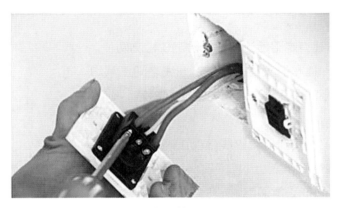

▲插座接线

步骤二：用螺丝拧紧插座面板，并及时调整水平。

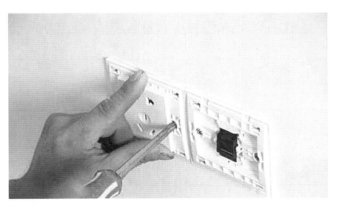

▲螺丝拧紧固定

小贴士　　开关、插座的通电检测

检测开关面板需要用万用表，操作要点见下表。

方法	内　容
电阻检测	用万用表电阻挡检测开关面板（未接电情况下）接线端的火线端头、零线端头通断功能是否正常。开关接通时电阻应显示为 0，断开时显示为 ∞，如果始终显示为 0 或者 ∞ 说明连接异常
手感检测	开关手感应轻巧、柔和，没有滞涩感，声音清脆，打开、关闭应一次到位
外表检测	面板表面应完好，没有任何破损、残缺，没有气泡、飞边以及变形、划伤

插座的检测方式有电阻检测和插座检测仪检测两种。

① 电阻检测：插座的火线、零线、地线之间正常均不通，即万用表检测时显示为 ∞，如果出现短路，则不能够安装。

② 插座检测仪检测：检验接线是否正确可以使用插座检测仪，通过观察验电器上 N、PE、L 三盏灯的亮灯情况，判断插座是否能正常通电。

▲ 插座检测仪

	N	PE	L
接线正确	○	●	●
缺地线	○	●	○
缺火线	○	○	○
缺零线	○	○	●
火零错	●	●	○
火地错	●	○	●
火地错并缺地	●	●	●

注：●代表亮灯，○代表不亮灯

▲ 亮灯图表

10.2 照明设备安装

10.2.1 组装灯具安装

组装灯具主要指吊顶、吸顶灯等大型灯具，在安装之初，需要按照说明书将灯具组装起来，然后再开始安装。其具体安装步骤如下。

步骤一：对照灯具底座画好安装孔的位置，打出尼龙栓塞孔，装入栓塞。

▲固定支架

步骤二：将接线盒内电源线穿出灯具底座，用线卡或尼龙扎带固定导线以避开灯泡发热区。

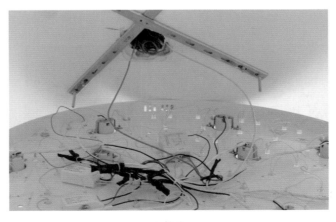

▲接线

步骤三：用螺钉固定好底座。

▲ 固定底座

步骤四：安装灯泡。

▲ 安装灯泡

步骤五：测试灯泡。看所有灯泡是否照明正常，没有闪烁等情况。

▲ 测试灯泡

步骤六：按照说明书安装灯罩。

▲ 安装灯罩

▲ 安装完成

10.2.2　筒灯、射灯安装

步骤一：开孔定位，吊顶钻孔。

▲ 根据画线位置开孔

▲ 开孔器

步骤二：将到导线上的绝缘胶布撕开，并与筒灯相连接。

步骤三：将筒灯安装进吊顶内，并按严。

◀安装筒灯

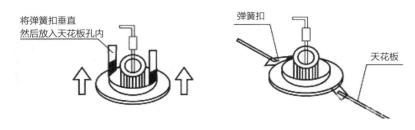

将弹簧扣垂直
然后放入天花板孔内

弹簧扣

天花板

▲ 筒灯安装图解

步骤四：开关筒灯控制开关，测试筒灯的照明是否正常。

▲ 安装完成

10.2.3 暗藏灯带安装

步骤一：将吊顶内引出的电源线与灯具电源线的接线端子可靠连接。

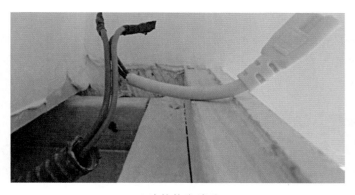

▲ 连接接线端子

步骤二: 将灯具电源线插入灯具接口。

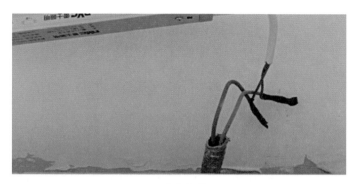

▲连接灯具

步骤三: 将灯具推入安装孔或者用固定带固定。

▲固定灯具

步骤四: 调整灯具边框。

▲调整灯具边框

步骤五：安装完成后开灯测试。

▲开灯测试

10.2.4 浴霸安装

步骤一：开通风孔（应在吊顶上方150mm处）； 安装通风窗；吊顶准备（吊顶与房屋顶部形成的夹层空间高度不得小于220mm）。

步骤二：将弹簧从面罩的环上脱开并取下面罩，把所有灯泡拧下。

步骤三：接线。交互连软线的一端与开关面板接好，另一端与电源线一起从天花板开孔内拉出，打开箱体上的接线柱罩，按接线图及接线柱标志所示接好线，盖上接线柱罩，用螺栓将接线柱罩固定，然后将多余的电线塞进吊顶内，以便箱体能顺利塞进孔内。

步骤四：把通风管伸进室内的一端，拉出套在离心通风机罩壳的出风口上。

▲安装通风管

步骤五：根据出风口的位置选择正确的方向，把浴霸的箱体塞进孔穴中，用 4 颗直径为 4mm、长 20mm 的木螺钉将箱体固定在吊顶木档上。

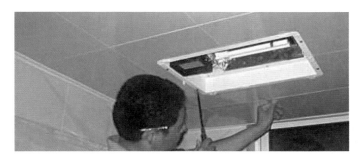

▲ 安装箱体

步骤六：将面罩定位脚与箱体定位槽对准后插入，把弹簧勾在面罩对应的挂环上。

▲ 固定箱体

步骤七：细心地旋上所有灯泡，使之与灯座保持良好的接触，然后将灯泡与面罩擦拭干净。

▲ 安装灯泡

步骤八：将开关固定在墙上，并防止使用时电源线承受拉力。

10.3 家用电器安装

10.3.1 挂式空调安装

步骤一：将内机背面的安装板取下，将安装板放在预先选择好的安装位置上，此时应保持水平并留足与顶棚及左右墙壁的尺寸，确定打固定墙板孔的位置。

步骤二：用 ϕ6 钻头的电锤打好固定孔后插入塑料胀管，用自攻螺钉将安装板固定在墙壁上。固定孔不得少于 4~6 个，并且用水平仪确定安装板的水平。

▲固定安装板

步骤三：打过墙孔。根据机器型号选择钻头，使用电锤或水钻打过墙孔。打孔时应尽量避开墙内外有电线或异物及过硬墙壁，孔内侧应高于外侧 5~10mm，从室内机侧面出管的过墙孔应该略低于室内机下侧。

▲打过墙孔

步骤四：安装连接管。根据位置调整好输出输入管方向或位置，确定是左出管、右出管、左背出管或右背出管。连管时先连接低压管，后接高压管，将锥面垂直顶至喇叭口，用手将连接螺母拧到螺栓底部，再用两个扳手固定拧紧。

步骤五：包扎连接管。排水管接口要用万能胶密封，水管在任何位置不得有盘曲；伸展管道时，可用乙烯胶带固定5~6个部位。横向抽出管道的情况下，应覆盖绝热材料。

步骤六：安装空调箱体。将包扎好的管道及连接线穿过穿墙孔，并防止喇叭口损伤及泥砂进入连机管内，直到能接挂好空调箱体，保证空调箱体卡扣入槽，用手晃动时，上、下、左、右不能晃动，用水平仪测量内机是否水平。

▲固定空调箱体

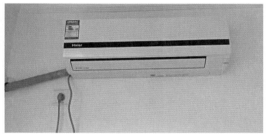

▲安装完成效果

10.3.2 壁挂电视安装

步骤一：确定电视安装位置。一般电视的中心点离地为1300mm左右。根据安装位置的要求，确认在安装面上操作的部位没有埋藏水、电、气等管线。

步骤二：组装壁挂架并固定到墙面。根据壁挂架的说明书，组装好壁挂架。根据电视安装位置，标记出挂架安装孔位，然后在标记位钻孔。接着利用螺丝钉等固定住挂架。

◀电视壁挂架

步骤三：固定电视机。有些电视机后背需要先组装好安装面板，然后挂到壁挂架上，有的则可以直接挂到挂架上，用螺丝钉等紧固即可。

▲固定电视机

10.3.3 储水式热水器安装

步骤一：测量热水器的长宽尺寸，以及热水器安装挂件的间距；测量待安装墙面上给水管端口的距离顶面的距离，确定热水器安装位置。

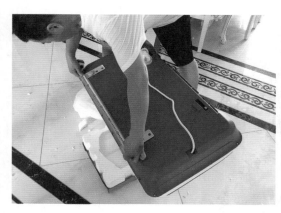

▲测量安装挂件的间距

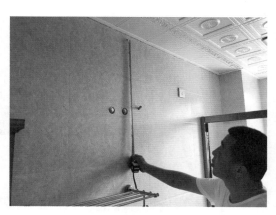

▲测量给水管端口距顶面的距离

步骤二：卷尺在墙面中测量出开孔的位置和彼此间距，并用铅笔做记号。

▲标记开孔位置

步骤三：用冲击钻打眼，将膨胀螺栓固定到墙面中，将热水器挂钩嵌入到膨胀螺栓中，保持挂钩位置向上。

▲用冲击钻打眼

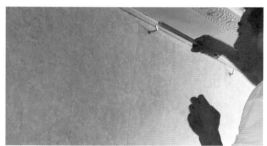

▲安装挂钩

步骤四：将热水器挂到挂钩上，调整热水器的水平度。

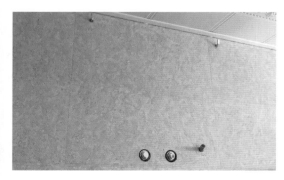

▲挂钩与给水管端口

▲安装热水器

步骤五：热水器的出水端口缠上生料带，在冷水进水口位置上安装安全阀。生料带起到的作用是防止安全阀与连接处漏水。

▲缠上生料带

▲安装安全阀

步骤六：给水管端口上安装角阀，然后连接软管。角阀出水端口需对准软管的连接方向。

▲安装角阀

▲连接软管

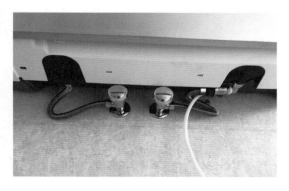

◀连接完成

步骤七：热水器安装完成后，插上电源，测试水温、检查是否有漏水现象。

◀通电测试

10.3.4 吸油烟机安装

步骤一：测量待安装墙面尺寸，确定吸油烟机的安装高度。一般情况下，吸油烟机的底部距离橱柜台面650~750mm。

◀测量墙面

步骤二：将吸油烟机挂件放在墙面上，找好水平，用铅笔标记出需要钻眼的位置。

◀挂件找平

183

步骤三：冲击钻打眼，安装膨胀螺栓，将吸油烟机挂件固定好后，用螺丝钉拧紧。

◀固定挂件

步骤四：安装排烟管道，将排烟管道固定到吸油烟机中，并用吸油烟机专用胶带密封。

▲安装排烟管道　　　　　　　　　　　▲胶带密封

步骤五：将吸油烟机悬挂到墙面中，与挂件连接牢固，安装完成。

◀固定吸油烟机

第 11 章
电路修缮

电路修缮总的分为两类：一类是线路故障的修缮，需要使用试电笔检测故障位置，并对出问题的线路重新接线、修理；另一类是照明灯具的修缮，如灯具不亮、频繁闪烁等问题。

11.1 线路故障检修

11.1.1 照明开关是否接在火线上的检测

开关是否接在火线上对安全用电的影响很大。若开关安装到零线上，即使关闭开关，灯具上仍然带电，这样就会给检修或平常使用增加触电的危险性，因此接线必须正确。下面介绍用试电笔检测开关是否接在火线上的方法。

在以下的测试中灯泡不必拧下。测试可以在开关接线导线头上或者在灯座接线导线头上进行，视具体情况而定。

（1）在开关 S 接线导线头上测试 M、N 两点

① 当 S 断开时，若有一点 M 亮，一点 N 不亮；而 S 闭合时，两点均亮，则说明开关 S 接在了火线上。

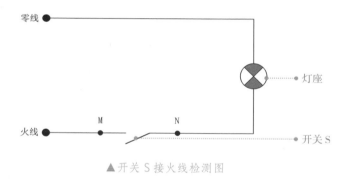

▲ 开关 S 接火线检测图

② 当 S 断开时，若有一点 N 亮，一点 M 不亮；而 S 闭合时，两点均不亮，则说明开关 S 接在了零线上。

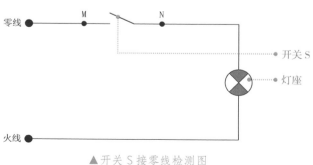

▲ 开关 S 接零线检测图

（2）在灯座接线导线头上测量 H、G 两点

① 当 S 断开时，若 H、G 两点均不亮；而 S 闭合时，一点 H 亮，一点 G 不亮，则说明开关 S 接在了火线上。

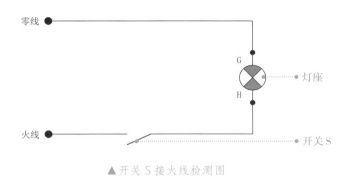

▲开关 S 接火线检测图

② 当 S 断开时，若 H、G 两点均亮；而 S 闭合时，一点 H 亮，一点 G 不亮，则说明开关 S 接在了零线上。

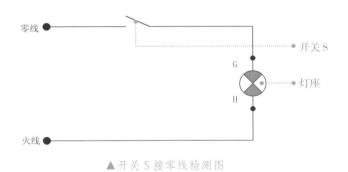

▲开关 S 接零线检测图

11.1.2　试电笔检测线路断路故障

线路断路故障在家庭中经常碰到，最常发生在照明回路中，如接线头导线松脱，铜铝接头腐蚀造成开路等。

假设开关接线正确，即接在火线上，测试时灯泡不拧下，情况如下。

① 开关 S 断开时，用试电笔测试灯座接线头 H 和 G，若氖泡均不亮，而 S 闭合时，氖泡均亮，则断路点在零线上。

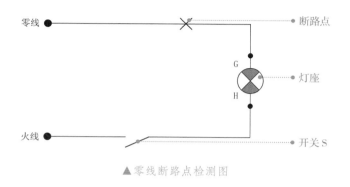

▲ 零线断路点检测图

② 若开关 S 不论处在断开还是闭合状态，氖泡在 H 和 G 点测试均不亮，则断路点在火线上。

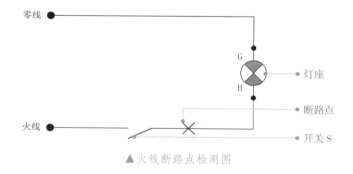

▲ 火线断路点检测图

在实际检测时，并不需要知道哪点是 H、哪点是 G，也不一定需要知道开关 S 是合还是断，只要拉几次开关 S，然后试电笔在灯座两侧接线头上测试几下，再对照以上各图，即能判断出断路点是在火线上还是在零线上。

11.1.3　插座接线是否正确的检测

试电笔检测插座接线是否正确的方法如下。

① 对于单相二极插座，用试电笔分别测试右边（或上边）插头，氖泡亮；测试左边（或下边）插头，氖泡不亮，则说明接线正确。如果测试结果相反，则说明接线不正确，应改接过来。如果不改接过来，在一般情况下对用电影响不大，但从规范接线、方便维修的角度看，改正过来无疑是有益的。

② 对于单相三极插座，用试电笔分别测试 3 个插头，当测到右侧插头时氖泡亮，则火线接线是正确的。测得另外 2 个插头时氖泡不亮，尚不能确定哪根是零线 N，哪根是地线 PE。为此，可打开插座盖查看，零线 N 的颜色为蓝色，地线 PE 的颜色是绿黄双色线，很容易判断。如果施工中对插座接线的颜色没有严格要求，从颜色上区别不出零线 N 和地线 PE，则只能用专用插座检查器检测。

▲ 试电笔检测插座

11.2 照明灯具和插头、插座的检修

11.2.1 白炽灯常见故障的检修

白炽灯受电源波动及周围环境的影响较小，安装方便，价格较低，所以在家庭中广泛应用。白炽灯常见故障及检修方法如下表所示。

故障现象	可能原因			检修方法
灯不亮	灯丝已断			更换灯泡
	电源熔丝烧断		① 灯座内桩头两导线短路	① 拆开灯座处理
			② 螺口灯座中心弹舌片与螺口部分碰连	② 把中心弹舌片与螺口部分分开
			③ 插销、开关及其他用电设备有断路现象	③ 检查后修复
			④ 线路混线或接地	④ 消除线路短路点
			⑤ 用电负载超过熔丝容量	⑤ 减轻负载或更换成合适的保险丝
	电源熔丝未断		① 电源无电	① 检查电压
			② 灯座内引入导线断路	② 拆开开关并连接好断线
			③ 灯头与灯座内的触头接触不良	③ 拆下灯泡仔细检查
			④ 开关毛病	④ 检修或更换开关
			⑤ 熔断器接线桩头或插片接触不良	⑤ 处理接线桩头和插片
灯忽亮忽暗	① 灯座与灯头接触不良			① 拆下灯泡仔细检查
	② 灯座或开关的接线松动			② 处理松动的接线
	③ 熔断器接线桩头或插片接触不良			③ 处理接线桩头和插片
	④ 熔丝接触不良			④ 拧紧螺钉，但不可拧得过紧
	⑤ 电源电压不正常或冰箱、电炉、电动机等大负载启用			⑤ 不必修理

续表

故障现象	可能原因	检修方法
灯过亮或烧毁	① 灯丝局部短路	① 更换灯泡
	② 电源电压与灯泡电压不符	② 换上与电源电压相同的灯泡
	③ 电源电压过高	③ 有可能外线路有故障,马上停用所有家用电器
灯光暗淡	① 灯泡长时间使用,寿命已到	① 正常现象
	② 灯泡或灯具太脏	② 清洁灯泡和灯具
	③ 线路受潮或绝缘损坏而有漏电现象	③ 检修线路,恢复绝缘
	④ 线路过长或导线截面积过小,线路上负载过重,压强太大	④ 更换导线或减轻负荷
	⑤ 电源电压过低	⑤ 检查电压

11.2.2 荧光灯常见故障的检修

荧光灯是一种放电灯,受电源波动及周围环境的影响较大,但荧光灯发光效率高,相比较白炽灯发热量很小。荧光灯较白炽灯所出现的问题多,检修也比较麻烦。其常见故障及检修方法如下表所示。

故障现象	可能原因		检修方法
灯不亮	荧光灯、启辉器均不工作	① 断电或电源电压太低	① 检查电压

故障现象	可能原因		检修方法
灯不亮	荧光灯、启辉器均不工作	② 灯脚未与灯座插口接触到	② 使灯脚与插头接触好
		③ 接线不亮,接头松动	③ 检查接线并处理好
		④ 启辉器质量差或损坏	④ 更换启辉器
		⑤ 灯丝断裂或漏气	⑤ 用万用表检查,更换新灯管
		⑥ 接线错误	⑥ 改正接线
		⑦ 镇流器不配套	⑦ 更换成配套的镇流器
	启辉器不能工作,灯管不亮	① 启辉器损坏	① 更换启辉器
		② 启辉器与插座接触不好	② 处理好插座
		③ 室温太低	③ 不必修理
		④ 灯管质量不好或寿命已到	④ 更换灯管
灯能亮,但不正常	灯管一会儿亮,一会儿暗	① 电源电压太低	① 检查电压
		② 接线错误	② 改正接线
		③ 灯管和启辉器不良或寿命已到	③ 更换灯管或启辉器
		④ 线路负载过重	④ 减少负载
		⑤ 线路有漏电	⑤ 检查线路并消除漏电

续表

故障现象	可能原因		检修方法
灯能亮，但不正常	灯光滚动	① 新灯管常有此现象	① 开、关数次后即能消除
		② 电压过高或镇流器和灯管不佳	② 换新的试验
		③ 火线与零线接触问题	③ 调整火线与零线
	灯管启动时间过长	① 电源电压低	① 检查电压
		② 室温太低	② 不必修理
		③ 启辉器质量差或寿命已到	③ 更换启辉器
		④ 灯管质量差	④ 更换灯管
	镇流器发出"嗡嗡"声	① 镇流器内铁丝松动	① 插入垫片或更换镇流器
		② 安装不良，与构筑物产生共振	② 采取防震措施
	灯管寿命太短	① 灯管质量差	① 选购优质产品
		② 镇流器性能差或灯管不匹配	② 更换镇流器
		③ 电源电压长期偏高	③ 无法检修

11.2.3 LED 灯常见故障的检修

LED 灯因其发光效率高、节能、寿命长、光色丰富、受电源波动及周围环境的影响小，所以在家庭中被广泛应用。LED 灯常见故障及检修方法如下表所示。

故障现象	可能原因	检修方法
灯不亮	① 无电源	① 检查电源及灯开关是否良好
	② 灯电源引线折断	② 用万用表检查
	③ 接线螺栓压在灯引出线的塑料外皮上	③ 用螺钉旋具旋出接线螺栓查看
	④ 两列 LED 灯粒之间的引接线或镇流器的引接线插脚未接触好	④ 拔出插脚，重新插接好
	⑤ 镇流器烧坏	⑤ 更换镇流器
	⑥ 雷击损坏 LED 灯	⑥ 观察 LED 灯粒，若每粒中间都有一个黑点，说明 LED 灯曾遭雷击，已经损坏
灯时亮时灭	① 电源时通时断	① 检查电源回路，如开关接线是否有松动
	② 接线接触不良	② 检查接线
	③ 灯插脚接触不良	③ 插紧插脚
LED 灯寿命明显减短	LED 灯的使用寿命一般大于 20000h，若寿命明显减短，说明不正常	LED 灯安装处周围环境过热，灯具通风散热不良，应改善环境条件，正确安装
LED 灯关灯后，用手触摸灯粒固定片，灯微亮	这是由于 LED 灯很敏感，人体感应电容引起 LED 灯微亮	正常现象，不必检修

11.2.4 插头、插座故障的检修

插头、插座常见故障及检修方法如下表所示。

故障现象	可能原因	检修方法
接触不良	① 插头压接螺钉松动或焊点虚焊	① 拧紧螺钉或重新焊接
	② 插头根部电源引线内部折断（但有时又有接触）	② 剪去这段导线，重新焊接
	③ 插座导线连接处螺钉松动或导线腐蚀	③ 清洁并拧紧螺钉
	④ 插座插口过松	④ 停电，打开插座盖，用尖嘴钳将铜片钳紧些
	⑤ 插座质量差	⑤ 更换插座
电路不通	① 插座插口过松，插头未接触到	① 停电，打开插座盖，用尖嘴钳将铜片钳紧些
	② 插座导线连接处导线掉落	② 拧紧螺钉
	③ 电源引线断路（尤其在端头处）	③ 剪去这段导线，重新连接
	④ 插头压接螺钉松脱或焊点脱开，导线受力使线头脱落	④ 接好线头，压紧螺钉或重新焊接，压紧压板

续表

故障现象	可能原因	检修方法
短路	① 导线头在插座或插头内裸露过长或有毛刺	① 重新处理好连接头理
	② 导线头脱离插座或插头的压接螺钉	② 重新连接好接头
	③ 插座的两个插口相距过近，导致碰连	③ 停电，打开盖修理
	④ 插头内接线螺钉松动，互相碰线	④ 拆开修理
漏电	① 受潮或水淋	① 应安装在干燥、避雨处，经常清洁
	② 插头端部有导线裸露	② 重新连接
	③ 破损	③ 更换
	④ 保护接地或接零的接线错误	④ 按正确方法改正
破损	① 受外力冲击而损坏胶盖	① 更换胶盖
	② 因短路烧损插口铜片或接线柱	② 更换插口铜片、接线柱或整个更换
	③ 插销使用日久老化	③ 更换

第 12 章
家庭用电安全

　　正确的使用电路、电器至关重要，这涉及人身安全以及财产安全问题。家庭用电安全分为两部分内容，一部分是关于家用电器的安全使用，如电冰箱、洗衣机、空调、热水器等，正确的使用可延长家用电器的寿命；另一部分是关于如何避免电器火灾以及防止的办法，包括布线安全、照明安全以及开关、插座的安全使用等。

12.1 家用电器的安全使用

12.1.1 冰箱安全使用要点

① 冰箱两侧和背面要离墙面有不小于 100mm 的距离，以免影响空气流动和电动机的使用寿命。

② 清洗冰箱前必须切断电源，防止漏电造成人身危险。

③ 不能将醚等挥发性化学物品放入冰箱内；也不可在冰箱旁边使用易燃性的喷漆。

④ 切记不可用水喷洒冰箱的后背，否则会影响电器的绝缘性。

⑤ 电冰箱背面机械部分温度较高，勿用手触摸，也不要让电源线贴近该处，以免烫坏电源线，引发漏电或短路事故。

⑥ 电冰箱内存放食物的量以占容积的 80% 为宜，放得过多或过少都费电。

⑦ 电冰箱停机后不宜立即启动。一般要在冰箱停止运行 2~3min 后再启动，防止压缩机因为频繁启停造成烧毁。

⑧ 如果暂停使用电冰箱，应拔掉电源插头，用温水、中性洗涤剂或除臭剂等擦净箱内外及附件，并放置在干燥处。

12.1.2 洗衣机安全使用要点

① 洗衣机的电源线和电动机的绝缘要绝对可靠，即使在实际使用中发生溢水或受水喷溅也能保证安全。

② 在同样长的洗涤时间里，使用强挡其实比弱挡更省电，且可延长洗衣机的寿命。

③ 使用 1 年后，要在传动轴套注油孔处用尖嘴油壶加入适量的 10~20 号机械油，以减轻机械磨损，防止过热和烧坏电器。

④ 经常注意进水及排水系统状况，注意水管和阀门是否堵塞。

12.1.3 空调安全使用要点

① 空调容量较大，应用专线供电，不可与照明等其他负载共用一条线路。

② 空调启动时电流较大，频繁开关相当费电，且易损坏压缩机。

③ 酷夏之后停用空调后应进行保养。取出空调的清洁空气过滤器，用清水冲洗或用吸尘器清洁过滤网，晾干后重新装入空调内。

12.1.4 热水器安全使用要点

① 热水器配有泄压安全阀，为了安全，不可私自改动其安装位置，严谨堵塞其出口。

② 如果热水器受到无水干烧，系统产生蒸汽或不正常的热水，或任何部件被水浸泡，应由专业人员检查或修理后方可再使用。

③ 若热水器的电源软线损坏，必须由专业人员更换。

④ 对热水器进行任何维护保养和维修前，必须先断开电源。非专业人员不得调整和维修热水器。

⑤ 如需排空热水器时，先关闭进水阀门，再打开出水阀门，然后用工具拧下泄压阀的排泄管接头，卸下手柄保护块，手柄向上拨动排泄管即可排出水来。

⑥ 使用一定时间后可清洗一次水箱，以排除污垢。

12.1.5 吸油烟机安全使用要点

① 当集油盘所盛的污油已达八分满时，就必须清理。清理时，只需手握住集油盘下端向左转动至脱离即可，将油污倒弃后，集油盘可用中性清洁剂清洗干净。装回时集油盘盘旋至稍紧即可。

② 当要拆下钢丝导油网时，只需将中架板上的螺钉松开即可取下。装回时，将导油网的一耳斜插入后方孔中，另一耳对准中架板上的螺孔，再用螺钉锁紧即可。

③ 清洗吸油烟机上的污渍，先把高压锅内的冷水烧沸，等有蒸汽不断排出时取下限压阀，打开吸油烟机，将蒸汽水柱对准旋转扇叶，由于高热水蒸气不断冲入扇叶等部件，油污水就会沿着管道流入废油杯中，直到油杯里没有油为止。

12.2 电气火灾及其防止

12.2.1 防止布线引起的火灾

① 敷设布线时,首先应注意导线的类型、截面积和绝缘强度的选择,做到防患于未然。

② 在高温房间，采用以石棉、瓷珠、瓷管、云母等作为绝缘的耐燃线。

③ 布线的位置，应避免沿温度较高的管道或设备的表面敷设。若要在这类物体的表面敷设导线，宜采用耐热线。

④ 随着家庭用电负荷的增加，应及时换装容量与负荷相适应的导线及电气部件。

⑤ 尽量避免铜、铝导线之间的接头。如果不能避免时，应将接头处理好。

⑥ 为了防止产生电火花，应使裸导线之间、接线端子之间、高电位导体与接地体之间保持足够的距离。尽可能避免带电操作，否则应采取安全措施。

12.2.2　防止熔断器引起的火灾

① 熔断器或开关宜安装在非燃烧材料的基座上，并最好用非燃料材料的箱盒保护。

② 为了避免熔丝爆断时引起周围易燃物着火，熔断器不能装在具有火灾危险的房间，否则必须选用专用的熔断器或加装密封外壳，并离开可燃建筑构件。

③ 熔断器的熔丝额定电流应与被保护的设备相适应，不许乱用铜丝或铁丝代替。住宅总熔丝的额定电流不应大于电能表的最大允许电流和导线的安全载流量。

④ 熔断器各连接头与导线连接应牢固可靠，各压紧螺钉应拧紧，不应生锈；插口应有足够的压力。倘若插口或插脚已烧软，必须更换。

⑤ 平时应注意检查、除尘，及时更换缺损的熔断器部件。如发现封孔沥青熔化滴落，说明过热，应查明原因，加以处理。

12.2.3　防止照明引起的火灾

① 在木制吊顶内安装灯具及其发热的附件时，均应在灯具周围用阻燃材料（石棉板或石棉布等），做好防火隔热处理。

② 各式灯具当安装在易燃结构部位时，必须通风散热良好，并做好防火隔热处理。

③ 白炽灯、高压水印荧光灯与可燃物之间要保持适当的距离。存放可燃、易爆物品的房间，不宜使用卤钨灯。

④ 更换一般防爆型灯具的灯泡时，不许换上比标明瓦数大的灯泡，也不许用普通白炽灯泡代替。

⑤ 除去灯具周围的绝热、消音材料，不要将灯具的散热孔堵塞，灯具与这些材料的距离应大于 100mm；电气布线若要敷设在绝热、消音材料的上方，绝热、消音材料的上部至少要留出 200mm 的空间。

水电工
从入门到精通

水暖工
部分

武宏达 编著

化学工业出版社

·北京·

内容提要

　　本书分为电工部分和水暖工部分，包含六篇、二十四章内容。电工部分主要介绍装修电工施工。第一篇为电工入门篇，内容包括电路施工图纸识读、电路端口空间布设、电路工具以及电路施工预算等；第二篇为电工提高篇，这部分为核心内容，包括识别管线、电路布线与配线、电路接线以及现场施工等内容；第三篇为电工精通篇，内容包括智能家居系统施工、用电设备安装、电路修缮以及家庭用电安全等。

　　水暖工部分主要介绍装修水暖施工。第一篇为水暖工入门篇，内容包括水路施工图纸识读、水路端口空间布设、水暖工工具以及水暖施工预算等内容；第二篇为水暖工提高篇，内容包括识别材料、水路布管、水管连接、水路现场施工、水暖施工以及消防系统施工等内容；第三篇为水暖工精通篇，内容包括水路安装以及水路修缮等内容。

　　本书作为一本全面、系统的水电施工技术书籍，不仅有系统的基础知识，还有丰富的图解过程，更有清晰的现场施工操作视频，特别适合想要从事装修水电施工的现场工人以及技术人员参考学习，也可供家装业主参考使用。

前　言

　　随着国家城镇化建设的快速发展，装修市场对于施工人员的需求越来越大，技术要求也是越来越高。水电施工是室内装修最为重要的部分，也是技术要求相对较高的基础施工，对于从业者有着较高的技术要求。要想真正掌握水电施工这门技术，必须先了解一定的基础理论，再学习技术实操，还要结合整个装修过程进行学习。

　　一个成熟的水电工，必须懂施工图纸，会做工程预算，能进行设计布局，能熟练使用各种工具、了解不同的水电材料，对于现场施工容易出现的问题以及施工过程中的工种配合必须熟练掌握，甚至装修后的必要维修都要知道如何处理。

　　本书以行业水电施工的实际需求为导向，从基础开始，成体系地讲解装修水电施工技术，专注学习型内容的循序渐进，为广大从业者提供一个系统学习的知识内容体系。除了系统、全面的知识内容介绍，对于水电施工的两大核心——设计与施工，本书在内容呈现上与实际装修相结合，提供了更为直观的布线、布管三维设计图示；针对重点施工步骤，专门录制了高清施工视频，力争让读者在学习过程中，看得更清楚、更透彻。全书提供了一千多张的高清彩图，涵盖设计施工图、线路布置图、分步现场操作图、设备安装图等，配合专业的内容讲解，非常直观。

　　本书作为一本全面、系统的水电技术书籍，不仅有系统的基础知识，还有丰富的图解过程，更有清晰的现场施工操作，特别适合想要从事装修水电施工的现场工人以及技术人员参考学习。

　　技术无极限，即便在编写过程中，投入了大量的精力去整理、勘校，也请教了不少专家以及具有多年现场施工经验的水电师傅，由于编者水平有限，书中疏漏之处在所难免，敬请广大读者批评指正。

目录

CONTENTS

第一篇　水暖工入门篇

第4章 水暖施工预算

第二篇 水暖工提高篇

第5章 识别材料

第6章 水路布管

第7章　水管连接

第8章　水路现场施工

第9章　水暖施工

第10章　消防系统施工

第三篇　水暖工精通篇

第11章　水路安装

第12章　水路修缮

第一篇
水暖工入门篇

第 1 章
水路施工图纸识读

　　水路施工图纸分为建筑图纸和室内图纸两部分，建筑图纸展现的是建筑物内，整栋楼或独栋别墅等给水管的给水方式，通过对建筑图纸的识图，了解建筑物内的给水管分布情况；室内图纸是指室内单元住宅里面的给排水布置方式，即水电工需要实际操作施工的部分。

1.1 建筑给水管布置图纸

建筑给水管的布置有多种方式，根据用户对水质、水压和水量的要求，结合室外管网所能提供的水质、水量和水压情况，同时根据建筑物的高度、外型和位置等因素来共同决定。常见的给水方式有直接给水、单设水箱给水、水泵水箱联合给水以及高层建筑给水等，下面进行逐一识图。

（1）直接给水方式

直接给水方式是建筑物内部只设有给水管道系统，不设增压及储水设备，室内给水管道系统与室外供水管网直接相连，利用室外管网压力直接向室内给水系统供水的给水方式。这是最为简单、经济的给水方式。这种给水方式适用于室外管网水量和水压充足，能够全天保证室内用户用水要求的地区。

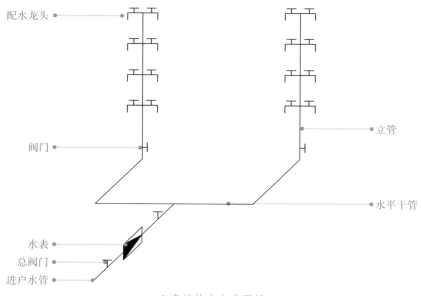

▲直接给水方式图纸

（2）单设水箱给水方式

建筑物内部设有管道系统和屋顶水箱（亦称高位水箱），且室内给水系统与室外给水管网直接连接。当室外管网压力能够满足室内用水需要时，则由室外管网直接向室内管网供水，并向水箱充水，以储备一定水量；当高峰用水时，室外管网压力不足，由水箱向室内系统供水。为了防止水箱中的水回流至室外管网，在引入管上要设置止回阀。

这种给水方式适用于室外管网水压周期性不足及室内用水要求水压稳定，并且允许设置水箱的建筑物。

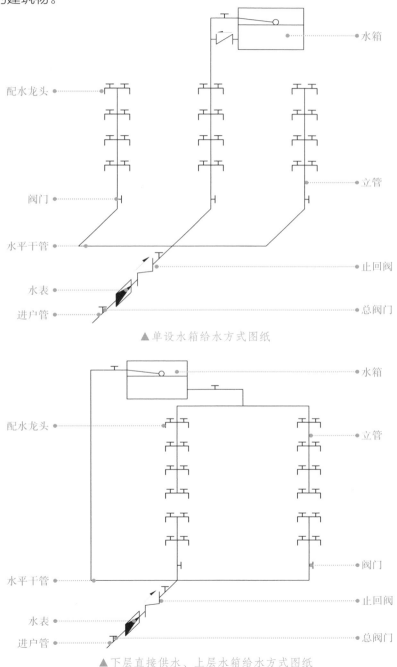

▲单设水箱给水方式图纸

▲下层直接供水、上层水箱给水方式图纸

（3）水泵水箱联合给水方式

当室外给水管网水压经常不足、室内用水不均匀、室外管网不允许水泵直接吸水而建筑物允许设置水箱时，常采用水泵水箱联合给水方式。水泵从储水池吸水，经加压后送入水箱。因水泵供水量大于系统用水量，水箱水位上升，至最高水位时停泵，此后由水箱向系统供水，水箱水位下降，至最低水位时水泵重新启动。

这种给水方式由水泵和水箱联合工作，水泵及时向水箱充水，可以减少水箱容积。同时在水箱的调节下，水泵能稳定在高效点工作，节省电耗。

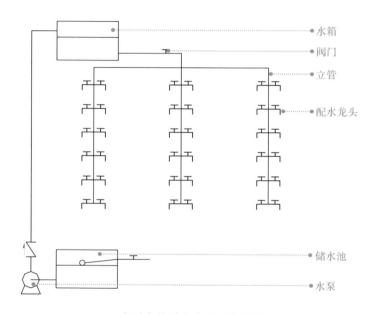

▲水泵水箱联合给水方式图纸

（4）气压给水方式

利用密闭压力水罐取代水泵水箱联合给水方式中的高位水箱，形成气压给水方式。水泵从储水池吸水，水送至给水管网的同时，多余的水进入气压水罐，将罐内的气体压缩，罐内压力上升，至最大工作压力时，水泵停止工作。此后，利用罐内气体的压力将水送至给水管网，罐内压力随之下降，至最小工作压力时，水泵重新启动，如此周而复始实现连续供水。

这种给水方式适合于室外管网水压经常不足，不宜设置高位水箱的建筑（如隐蔽的国防工程、地震区建筑等）。

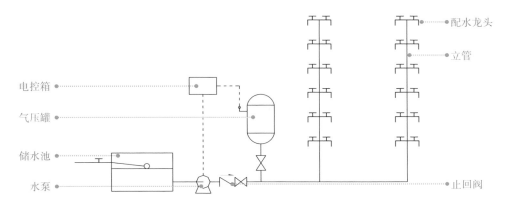

▲气压给水方式图纸

（5）变频调速给水方式

水泵扬程随流量减少而增大，管路水头损失随流量减少而减少，当用水量下降时，水泵扬程在恒速条件下得不到充分地利用，为达到节能目的，可采用变频调速给水方式。

变频调速水泵工作原理为：当给水系统中流量发生变化时，扬程也随之发生变化，压力传感器不断向微机控制器输入水泵出水管压力的信号，如果测得的压力值大于设计给水量对应的压力值时，则微机控制器向变频调速器发出降低电流频率的信号，从而使水泵转速降低，水泵出水量减少，水泵出水管压力下降，反之亦然。

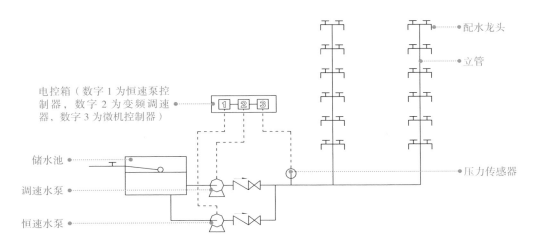

▲变频调速给水方式图纸

（6）高层建筑串联给水方式

串联给水方式的各分区均设有水泵和水箱，上区的水泵从下区的水箱中抽水。这种方式的优点体现在各区水泵的扬程和流量按本区需要设计，使用效率高，能源消耗较小，且水泵压力均匀，扬程较小，水锤影响小。另外，不需要高压泵和高压管道，设备和管道较简单，投资较省。

这种给水方式适用于允许分区设置水箱和水泵的各类高层建筑，建筑高度超过100m 的建筑宜采用这种给水方式。

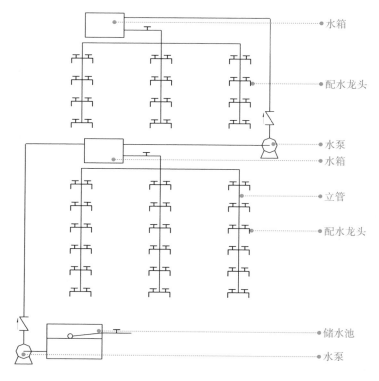

▲高层建筑串联给水方式图纸

（7）高层建筑并联给水方式

并联给水方式是各分区独立设置水箱和水泵，水泵集中布置在建筑底层或地下室，各区水泵独立向各区的水箱供水。这种方式的优点体现在为各区独立运行，互不干扰，供水安全可靠，水泵集中布置，便于维护管理，且水泵效率高，能源消耗小，水箱分散设置，各区水箱容积小，有利于结构设计。

采用这种给水方式供水，水泵宜采用相同型号不同级数的多级水泵，并应尽可能地利用外网水压直接向下层供水。

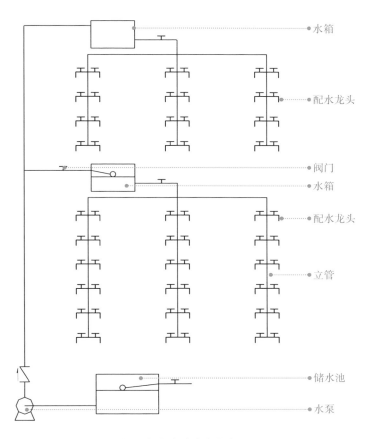

▲高层建筑并联给水方式图纸

（8）高层建筑减压给水方式

减压给水方式分为减压水箱给水方式和减压阀给水方式。这两种方式的共同点是建筑物的用水由设置在底层的水泵一次提升至屋顶总水箱，再由此水箱依次向下区减压供水。

减压水箱给水方式是通过各区减压水箱实现减压供水。优点是水泵台数少，管道简单，设备布置集中，维护管理简单；减压阀给水方式是利用减压阀替代减压水箱，这种方式与减压水箱给水方式相比，最大优点是节省了建筑的使用面积。

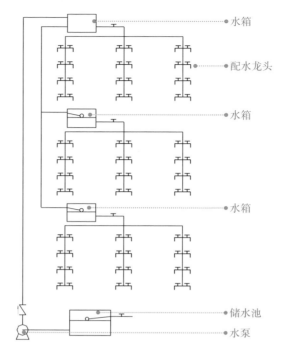

水箱

配水龙头

水箱

水箱

储水池

水泵

▲水箱减压方式图纸

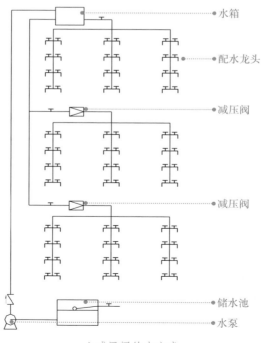

水箱

配水龙头

减压阀

减压阀

储水池

水泵

▲减压阀给水方式

1.2 室内给排水管布置图纸

（1）给水管布置图纸

　　给水管布置图需要分布冷水管和热水管，冷水管和热水管之间通过燃气热水器或储水式热水器连接，将冷水管中的自来水经过热水器的加热传输到热水管中，供给全屋热水。在布置图纸中，可看出洗手盆、水槽、淋浴花洒等位置需要接通冷、热水管；而洗衣机、坐便器等位置只需要接通冷水管。

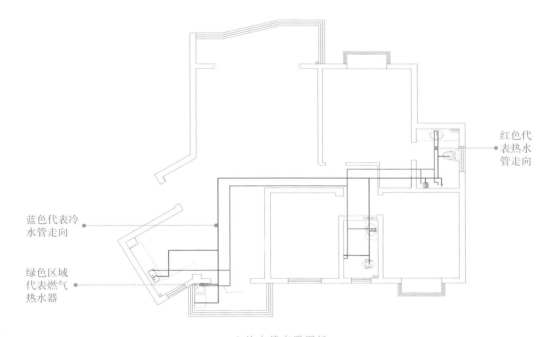

红色代表热水管走向

蓝色代表冷水管走向

绿色区域代表燃气热水器

▲ 给水管布置图纸

（2）排水管布置图纸

　　排水管主要布置在厨房、卫生间以及阳台中。每一个空间中有主排水立管，分支的排水管需要从主排水立管中分接出来。厨房需要预留 1 个直径为 75mm 的排水管，布置在水槽下面；卫生间需要预留 2~3 个直径为 75mm 的排水管，1 个直径为110mm 的排水管，布置在洗手盆、淋浴花洒、公共地漏以及坐便器的附近；阳台需要预留 1~2 个直径为 75mm 的排水管，布置在洗衣机、拖把池或公共地漏的附近。

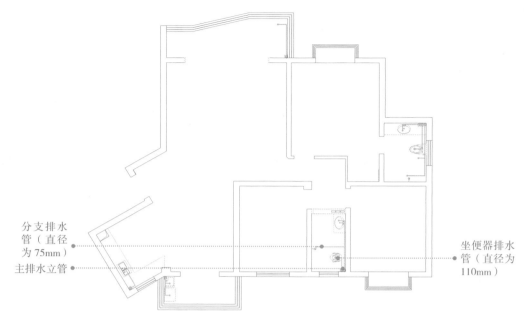

分支排水
管（直径
为 75mm）

主排水立管

坐便器排水
管（直径为
110mm）

▲ 排水管布置图纸

1.3　给排水施工图图例

　　标准的给排水施工图图例包括工程管道图例、管道附件图例、管道连接图例、管件图例、阀门图例、给水配件图例、消防设施图例、卫生设备及水池图例、给水排水设备图例以及给水排水专业仪表图例等，下面以表格的形式对各类图例进行识读说明。

（1）给排水工程管道图例

　　管道类别应以汉语拼音字母表示，管道图例如下表所示。

名　称	图　例	备　注
生活给水管	—— J ——	—
热水给水管	—— RJ ——	—
热水回水管	—— RH ——	—
中水给水管	—— ZJ ——	—
循环冷却给水管	—— XJ ——	—

续表

名　称	图　例	备　注
循环冷却回水管	——— XH ———	—
热媒给水管	——— RM ———	—
热媒回水管	———RMH———	—
蒸汽管	——— Z ———	—
凝结水管	——— N ———	—
废水管	——— F ———	可与中水原水管合用
压力废水管	——— YF ———	—
通气管	——— T ———	—
污水管	——— W ———	—
压力污水管	——— YW ———	—
雨水管	——— Y ———	—
压力雨水管	——— YY ———	—
虹吸雨水管	——— HY ———	—
膨胀管	——— PZ ———	—
保温管	～～～～～	可用文字说明保温范围
伴热管	-------------	可用文字说明保温范围
多孔管	↑　↑　↑	—
地沟管	┄┄┄┄┄	—
防护套管	▭	—
管道立管	XL-1　　XL-1 平面　　系统	X 为管道类别 L 为立管 1 为编号
空调凝结水管	——— KN ———	—
排水明管	坡向 ——→	—
排水暗管	坡向 ----→	—

注：1.分区管道用加注角标方式表示。
2.原有管线可用比同类型的新设管线细一级的线型表示，并加斜线，拆除管线则加叉线。

（2）管道附件图例

管道附件图例如下表所示。

名　称	图　例	备　注
管道伸缩器		—
方形伸缩器		—
刚性防水管套		
柔性防水管套		
波纹管		—
可曲挠橡胶接头	单球　　双球	—
管道固定支架		—
立管检查口		
清扫口	平面　　系统	
通气帽	成品　　蘑菇形	—
雨水斗	YD-　　YD- 平面　　系统	—

续表

名　称	图　例	备　注
排水漏斗	平面　　　系统	—
圆形地漏	平面　　　系统	通用。如无水封，地漏应加存水弯
方形地漏	平面　　　系统	—
自动冲洗水箱		—
挡墩		—
减压孔板		—
Y形除污器		—
毛发聚集器	平面　　　系统	—
倒流防止器		—
吸气阀		—
真空破坏器		—

续表

名　称	图　例	备　注
防虫网罩		—
金属软管		—

（3）管道连接图例

管道连接图例如下表所示。

名　称	图　例	备　注
法兰连接		—
承插连接		—
活接头		—
管堵		—
法兰堵盖		—
盲盖		—
弯折管		—
管道丁字上接		—

名　称	图　例	备　注
管道丁字下接		—
管道交叉		在下面和后面的管道应断开

（4）管件图例

管件图例如下表所示。

名　称	图　例	名　称	图　例
偏心异径管		90°弯头	
同心异径管		正三通	
乙字管		TY三通	
喇叭口		斜三通	
转动接头		正四通	
S形存水弯		斜四通	
P形存水弯		浴盆排水管	

（5）阀门图例

阀门图例如下表所示。

名　称	图　例	备　注
闸阀		—
角阀		—
三通阀		—
四通阀		—
截止阀		—
蝶阀		—
电动闸阀		—
液动闸阀		—
气动闸阀		—
电动蝶阀		—
液动蝶阀		—

名　称	图　例	备　注
气动蝶阀		—
减压阀		左侧为高压端
旋塞阀	平面　　　系统	—
底阀	平面　　　系统	—
球阀		—
隔膜阀		—
气开隔膜阀		—
气闭隔膜阀		—
电动隔膜阀		—
温度调节阀		—
压力调节阀		—
电磁阀		—

续表

名　称	图　例	备　注
止回阀		—
消声止回阀		—
持压阀		—
泄压阀		—
弹簧安全阀		左侧为通用
平衡锤安全阀		—
自动排气阀	平面　　系统	—
浮球阀	平面　　　系统	—
水力液位控制阀	平面　　　系统	—
延时自闭冲洗阀		—
感应冲洗阀		—
吸水喇叭口	平面　　　系统	—
疏水阀		—

（6）给水配件图例

给水配件图例如下表所示。

名　称	图　例	名　称	图　例
水嘴	平面　　　　系统	脚踏开关水嘴	
皮带水嘴	平面　　　　系统	混合水嘴	平面　　　　系统
洒水（栓）水嘴		旋转水嘴	
化验水嘴		浴盆带喷头混合水嘴	
肘式水嘴		蹲便器脚踏开关	

（7）消防设施图例

消防设施图例如下表所示。

名　称	图　例	备　注
消防栓给水管	——— XH ———	—
自动喷水灭火给水管	——— ZP ———	—
雨淋灭火给水管	——— YL ———	—
水幕灭火给水管	——— SM ———	—
水泡灭火给水管	——— SP ———	—

名　称	图　例	备　注
室外消火栓		—
室内消火栓（单口）	平面　　　系统	白色为开启面
室内消火栓（双口）	平面　　　系统	—
水泵接合器		—
自动喷洒头（开式）	平面　　　系统	—
自动喷洒头（闭式）	平面　　　系统	下喷
自动喷洒头（闭式）	平面　　　系统	上喷
自动喷洒头（闭式）	平面　　　系统	上下喷
侧墙式自动喷洒头	平面　　　系统	—
水喷雾喷头	平面　　　系统	—
直立型水幕喷头	平面　　　系统	—

名　称	图　例	备　注
下垂型水幕喷头	平面　　　　系统	—
干式报警阀	平面　　　　系统	—
湿式报警阀	平面　　　　系统	—
预作用报警阀	平面　　　　系统	—
雨淋阀	平面　　　　系统	—
信号闸阀		—
信号蝶阀		—
消防炮	平面　　　　系统	—
水流指示器	L	—
水力警铃		—

续表

名　称	图　例	备　注
末端试水装置	平面　　　　　　系统	—
手提式灭火器		—
推车式灭火器		—

（8）卫生设备及水池图例

卫生设备及水池图例如下表所示。

名　称	图　例	备　注
立式洗脸盆		—
台式洗脸盆		—
挂式洗脸盆		—
浴盆		—
化验盆、洗涤盆		—

续表

名　称	图　例	备　注
厨房洗涤盆		不锈钢制品
带沥水板洗涤盆		—
盥洗盆		—
污水池		—
妇女净身盆		—
立式小便盆		—
壁挂式小便盆		—
蹲式大便器		—
坐式大便器		—
小便槽		—
淋浴喷头		—

注：卫生设备图例也可以建筑专业资料图为准。

（9）给水排水设备图例

给水排水设备图例如下表所示。

名 称	图 例	备 注
卧式水泵	平面　　系统	—
立式水泵	平面　　系统	—
潜水泵		—
定量泵		—
管道泵		—
卧式容积热交换器		—
立式容积热交换器		—
快速管式热交换器		—
板式热交换器		—
开水器		—

续表

名　称	图　例	备　注
喷射器		小三角为进水端
除垢器		—
水锤消除器		—
搅拌器		—
紫外线消毒器	ZWX	—

（10）给水排水专业仪表图例

给水排水专业仪表图例如下表所示。

名　称	图　例	备　注
温度计		—
压力表		—
自动记录压力表		—
水表		—

名　称	图　例	备　注
压力控制器		—
自动记录流量表		—
转子流量计	平面　　　系统	—
真空表		—
温度传感器	T	—
压力传感器	P	—
pH 传感器	pH	—
酸传感器	H	—
碱传感器	Na	—
余氯传感器	C1	—

第2章
水路端口空间布设

水路端口布设指给水管和排水管在厨房、卫生间以及阳台等空间内的管路布设走向、端口设计位置等内容。其重点在于通过图纸学习并掌握给、排水管的布管原则，及端口位置的尺寸、高度等数据。对于不同形状的空间，或者是敞开式、封闭式以及半封闭式等，水路端口的布设均存在不同程度上的差异，为了加深对水路布设图纸的理解，所有空间内的图纸均采用局部空间平面图加立面图的形式进行展现，同时配合实景图来进一步掌握水路端口在空间布设中的要点。

2.1 厨房水路端口布设

（1）长方形厨房水路布设图

长方形厨房是最常规的厨房形状，内部的排水管、给水管布设均较为简单，管路也不需要复杂的弯曲、环绕。在识读水路图纸的过程中，绿色的线条代表排水管走向以及管路端口；蓝色的线条代表给水管中冷水管的走向以及管路端口；红色的线条代表给水管中热水管的走向以及管路端口。

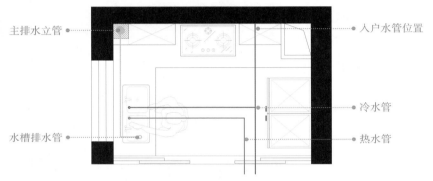

▲长方形厨房水路布设平面图

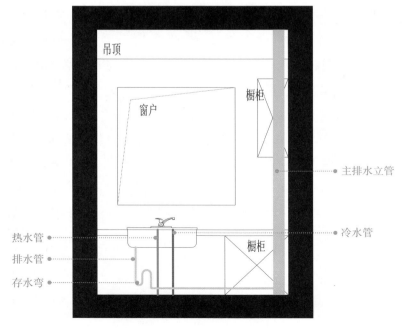

▲长方形厨房水路布设立面图

（2）厨房带洗衣间水路布设图

　　厨房带洗衣间是特殊的厨房类型，通过图纸可以看出，空间内共有两处需要布设给水管和排水管，分别是厨房水槽以及洗衣间内的洗衣机附近。从图纸中可以看出，空间内只有一个主排水立管，因此水槽的排水管以及洗衣机的排水管都需要从主排水立管中引出；在给水管的布设中，水槽位置需要布设冷、热水管，而洗衣机位置仅需要布设冷水管，无特殊情况不需要增加热水管。

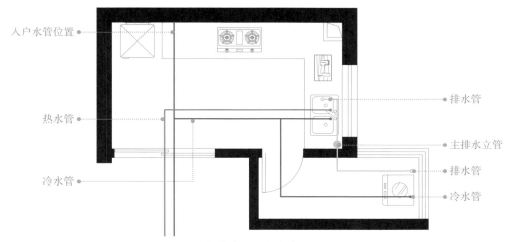

▲厨房带洗衣间水路布设平面图

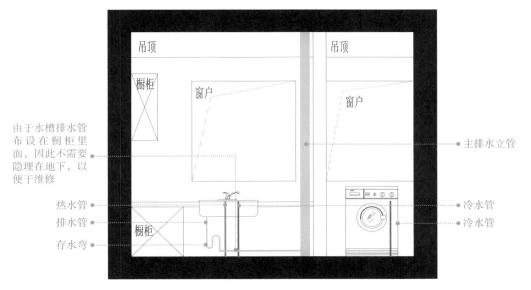

▲厨房带洗衣间水路布设立面图

小贴士	厨房水路端口布设高度	
名　称	高度 / mm	备　注
水槽冷水管端口	400～450	—
水槽热水管端口	400～450	热水管与冷水管端口高度保持一致
水槽排水管端口	150～200	—
存水弯位置	200～350	—
排水横管距地	80～100	—

（3）厨房实景图分析水路设计

厨房内的布局、形状以及水槽的安装位置不同，会在水路布设中体现出细微的差别。根据下面列举出的实景图样式，可了解到不同厨房内的水路布设方式。

当水槽设计在厨房中间时，给水管中的冷、热水管均需要从地面布管，然后在图片中蓝色的区域向上布管 400mm 左右，预留出冷、热水管的端口；同时排水管需要预埋的地下，从主排水立管的位置引接到水槽的正下方的蓝色区域里面，并安装存水弯

◀ 岛型厨房水路设计实景图

厨房内的水槽紧挨着墙面，且下面有地柜时，给水管的冷、热水管可布设在地柜的墙面里，距离地面450mm左右；同时排水管可选择不隐埋在地下，直接隐藏在地柜里面，并安装存水弯。

▲一字型厨房水路设计实景图

当厨房内设计两个水槽，一个布置在厨房中央的岛台中，另一个布置在靠墙的橱柜中时，厨房内水路需要设计分支。即在地面中，两个水槽的中间布设两根主管道，分别是冷水管和热水管，然后设计分支分别连接到橱柜中和岛台中；排水管同样需要布设两根，采用隐埋在地面的方式，连接到橱柜中和岛台中

▲双水槽厨房水路设计实景图

2.2 卫生间水路端口布设

（1）长方形卫生间水路布设图

长方形卫生间是最常规的卫生间布局，里面布置着洗手盆、坐便器、热水器、淋浴花洒等用水设备。通过下图可以看出，除了坐便器只布设冷水管外，其余的用水设备均需布设冷、热水管，并保持左热右冷的标准规范。在排水管的布设中，洗手盆、地漏以及淋浴房均采用直径为 75mm 的管材，而坐便器采用直径为 110mm 的管材。

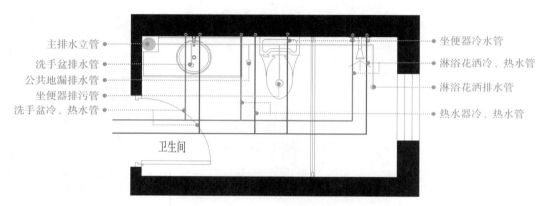

主排水立管
洗手盆排水管
公共地漏排水管
坐便器排污管
洗手盆冷、热水管

坐便器冷水管
淋浴花洒冷、热水管
淋浴花洒排水管
热水器冷、热水管

卫生间

▲长方形卫生间水路布设平面图

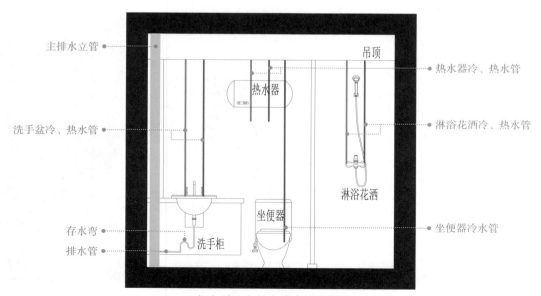

主排水立管

吊顶

热水器

热水器冷、热水管

洗手盆冷、热水管

淋浴花洒冷、热水管

淋浴花洒

存水弯
排水管

洗手柜

坐便器

坐便器冷水管

▲长方形卫生间水路布设立面图

（2）干湿分离卫生间水路布设图

　　干湿分离卫生间的水路布设分为两个区域，一是卫生间干区，布设洗手盆，另一个是卫生间湿区，布设坐便器或蹲便器、热水器以及淋浴花洒。从下图中可以看出，给水管布设在卫生间地面的中间，方便向两侧连接分支，同时洗手盆的冷、热水管是独立出来的，单独布设在干区。在排水管的布设中，主排水立管在卫生间湿区的窗户边，因此排水管分支从湿区向干区连接，干区只需要布设一个直径为 50mm 的排水管，而湿区需要布设一个直径为 50mm 和一个直径为 110mm 的排水管。

洗手盆冷、热水管　　热水器冷、热水管　　蹲便器排水管　淋浴花洒排水管

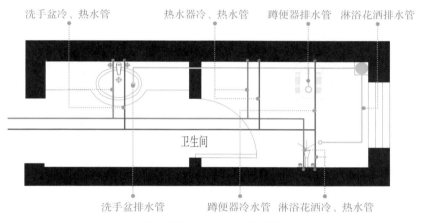

卫生间

洗手盆排水管　　　　蹲便器冷水管　淋浴花洒冷、热水管

▲ 干湿分离卫生间水路布设平面图

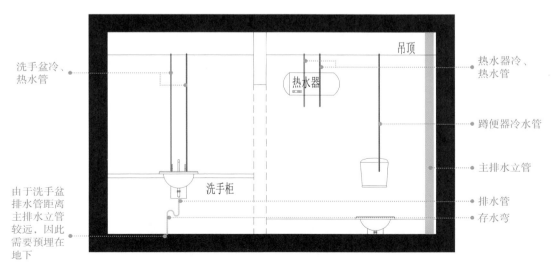

洗手盆冷、热水管

热水器冷、热水管

吊顶

热水器

蹲便器冷水管

主排水立管

排水管

存水弯

洗手柜

由于洗手盆排水管距离主排水立管较远，因此需要预埋在地下

▲ 干湿分离卫生间水路布设立面图

（3）多功能区卫生间水路布设图

多功能区卫生间的水路布设较为复杂，如下图所示，空间内的用水设备多达 6 个，其中大部分都需要布设冷、热水管，除了坐便器和洗衣机之外。同时，此卫生间内采用了双主排水立管，一个负责排污，连接坐便器和妇洗器的排水管；另一个负责连接洗手盆、地漏、洗衣机、浴缸以及淋浴房的排水管。

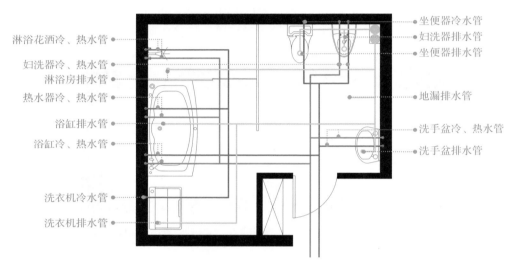

▲ 多功能区卫生间水路布设平面图

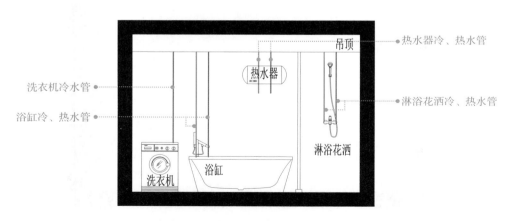

▲ 多功能区卫生间水路布设立面图（一）

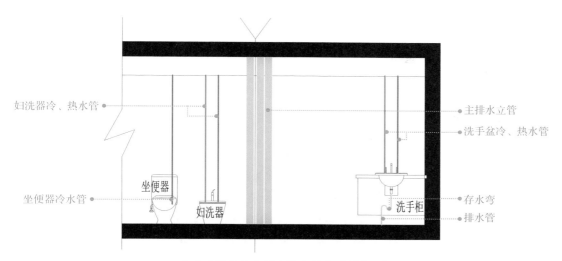

妇洗器冷、热水管

坐便器冷水管

坐便器

妇洗器

主排水立管

洗手盆冷、热水管

存水弯

排水管

洗手柜

▲ 多功能区卫生间水路布设立面图（二）

小贴士　　　　　　**卫生间水路端口布设高度**

名　称	高度／mm	备　注
洗手盆冷、热水管端口	500 或 950	两种高度分别适合普通式水龙头和墙排式水龙头
淋浴花洒冷、热水管端口	1000～1100	—
浴缸冷、热水管端口	750	—
坐便器冷水管端口	250-350	—
蹲便器冷水管端口	300～400	—
妇洗器冷、热水管端口	250～350	—
小便器冷水管端口	600～700	—
热水器冷、热水管端口	1700～1900	—

（4）卫生间实景图分析水路设计

  卫生间内的用水设备较多，因此应根据各种不同的用水设备在空间内的设计来分析水路设计的具体方案。根据下面列举出的实景图样式，可了解到卫生间水路布设的重点。

在坐便器的侧边墙面中，安装了给水管阀门。这个高度是坐便器冷水管布设高度的标准尺寸，同时也要注意到，冷水管并没有安装在坐便器的正后方，而是偏向一侧

◀ 卫生间坐便器水路设计实景图

卫生间设计砌筑式浴缸时，给水管中的冷、热水管要集中布设在墙体的一侧，不要紧挨着墙面，应保持 50mm 左右的空隙，冷、热水管之间保持 150 ~ 200mm 左右的距离

◀ 卫生间浴缸水路设计实景图

洗手盆设计为悬空式，且下面没有洗手柜的情况下，洗手盆冷、热水管端口高度需要保持在600～650mm之间，将端口隐藏在台盆的下面；同时，排水管需要设计为墙排，隐藏在墙面里

▶卫生间洗手盆水路设计实景图

坐便器和妇洗器采用悬空方式设计时，坐便器的排水管以及妇洗器的排水管均需要设计为墙排，而不是普通的地面排水。坐便器的冷水管、妇洗器的冷、热水管根据具体的悬挂高度来确定端口的布设位置

▶卫生间妇洗器水路设计实景图

淋浴花洒的冷、热水管布设在控制水流开关的阀门位置，彼此保持150~200mm 左右的间距。淋浴花洒的排水地漏布设在花洒喷头下方的附近，不可距离太远

◀卫生间淋浴花洒水路设计实景图

卫生间内摆放洗衣机时，洗衣机的冷水管布设高度要超过洗衣机 100~200mm 左右的距离，且尽量布设在角落处。摆放洗衣机地面的附近需要预留排水管，布设为一个排水地漏，可供洗衣机排水使用，也可作为卫生间公共地漏使用

◀卫生间洗衣机水路设计实景图

2.3 阳台水路端口布设

（1）长方形阳台水路布设图

　　长方形阳台的窗户面积大，洗衣机和拖把池等用水设备只适合设计在墙面的一侧，尽量不占用过多阳台面积。如下图所示，洗衣机和拖把池设计在阳台左侧的墙面中，使得冷水管可隐埋在墙面中，排水管可直接从左下角的主排水立管连接分支出来，用于公共地漏、洗衣排水以及拖把池的排水。

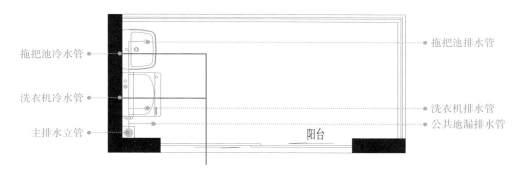

拖把池冷水管
洗衣机冷水管
主排水立管
拖把池排水管
洗衣机排水管
公共地漏排水管
阳台

▲长方形阳台水路布设平面图

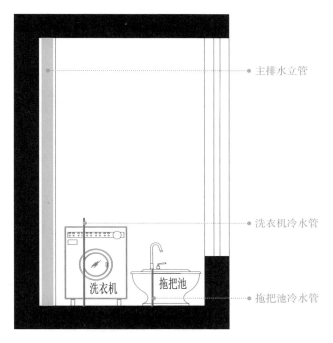

主排水立管
洗衣机冷水管
洗衣机
拖把池
拖把池冷水管

▲长方形阳台水路布设立面图

（2）正方形阳台水路布设图

正方形阳台的面积较大，通常为北阳台，空间内可容纳洗衣机、洗衣池以及拖把池等用水设备。如下图所示，洗衣机和洗衣池紧挨着，洗衣机嵌入进了洗衣池的台面里，拖把池则靠近门口摆放。主排水立管在窗边，因此所有的排水管分支均需要向右侧连接；给水管布设中，洗衣池需要布设冷、热水管，而洗衣机和拖把池则仅需要布设冷水管。

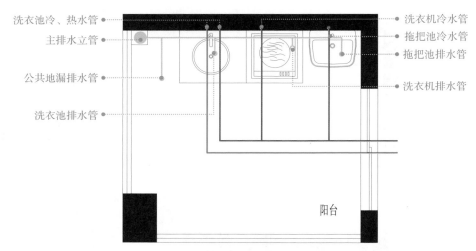

▲ 正方形阳台水路布设平面图

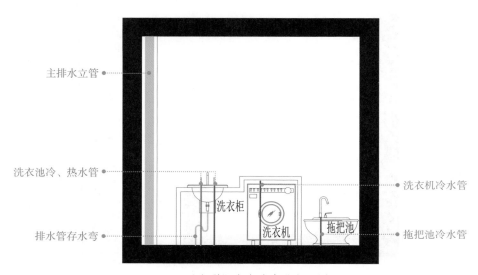

▲ 正方形阳台水路布设立面图

小贴士	阳台水路端口布设高度		
名　称	高度 / mm	备　注	
洗衣池冷、热水管端口	700~750	—	
洗衣机冷水管端口	850 或 1100	前者尺寸适合洗衣机嵌入台面；后者尺寸适合洗衣机独立摆放	
拖把池冷水管端口	750	—	

（3）阳台实景图分析水路设计

阳台内的水路设计较为简单，管路铺设也并不复杂，主要集中在洗衣池、洗衣机以及拖把池附近。根据下面列举出的实景图样式，可了解到阳台水路布设的重点。

洗衣池下面设计柜体且主排水立管在侧边时，可将排水管设计在柜体内部，以便于维修

洗衣机嵌入在洗衣池台面里，需要将洗衣机的冷水管也布设在大理石台面的下面，这样便于水龙头内的冷水直接引进洗衣机里

阳台公共地漏的布设位置离洗衣机、洗衣池越近越好

◀阳台洗衣机嵌入洗衣池水路设计实景图

洗衣机的排水地漏通常布设在洗衣机的后面，紧贴着墙面，便于连接洗衣机排水软管

▲ 阳台洗衣机独立摆放水路设计实景图

第3章
水暖工工具

　　水暖工工具大体上分为两类，一类是水工工具，其中包括一些常用的手动工具，如管钳、管子割刀以及打压泵等，一些常用的电工工具，如电动弯管机、切割机以及热熔机等；另一类是水暖工工具，如分水器扳手、放管器等。在水暖工工具的实际使用中，工具之间并没有明确的工种分类，可以彼此互用，但一些特殊工具则不具备这种通用性，如地暖施工中的放管器，只适合在铺设地暖管中使用。

3.1 水工工具

3.1.1 常用测量工具

（1）钢直尺

钢直尺通常用来测量管材的下料尺寸，具有测量简单、便于携带等特点。按测量上限分，其规格有 150mm、300mm、500mm、1000mm、1500mm、2000mm 六种，可以用于测量各种物件的尺寸。

▲ 钢直尺

小贴士 **钢直尺使用技巧**

① 使用时应把钢直尺贴紧管线并放平后方可读数，不得将钢直尺悬空读数。

② 不得使用钢直尺刮污垢或者拧螺丝钉等，以防止钢直尺弄脏或磨损变形。

③ 使用完毕后，应该及时用软布将钢直尺擦拭干净，如果长期不用时，还需要在尺面上涂一层钙基脂，再用蜡纸包裹，以防止腐蚀。

（2）钢卷尺、皮卷尺

钢卷尺、皮卷尺用于测量管线的长度，但对长距离管线一般使用测绳测量，测绳的长度为 50~100m，每米有一个标记。钢卷尺的规格按测量上限分为：小钢卷尺有 1m、2m、3m 三种；大钢卷尺有 5m、10m、15m、20m、30m、50m、100m 七种；皮卷尺又称皮尺，规格有 5m、10m、15m、20m、30m、50m 六种。

▲ 钢卷尺

▲ 皮卷尺

钢卷尺使用技巧

① 测量较长的管线时，应当注意防止尺带扭曲。

② 移动钢卷尺时，需要将卷尺抬离地面，以防止尺面磨损。

③ 使用完毕后，应把钢卷尺擦拭干净，以保持刻度的清晰。

（3）游标卡尺

游标卡尺是一种测量管材长度、内外径以及深度的测量工具。游标卡尺由主尺和附在主尺上能滑动的游标两部分构成。若从背面看，游标是一个整体。游标与尺身之间有一弹簧片，利用弹簧片的弹力使游标与尺身靠紧。游标上部有一个紧固螺钉，可将游标固定在尺身上的任意位置。主尺一般以 mm 为单位，在尺身上刻有每格为 1mm 的刻度线，而游标上则有 10 个、20 个或 50 个分格。

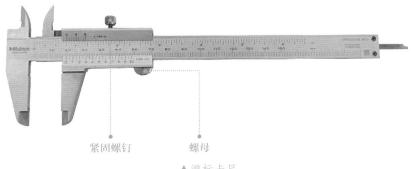

紧固螺钉　　　　螺母

▲ 游标卡尺

游标卡尺使用技巧

① 操作游标卡尺要移动较大的距离时，拧松卡尺上部的螺钉，推动游标即可。

② 若要使游标微动调节，则转动卡尺下部的螺母移动到合适位置即可。测得尺寸后，将卡尺上部的螺钉拧紧后即可读尺。

③ 卡尺上下两对尖角是用于测量孔距、外圆直径、厚度、内孔直径或沟槽深度的。

（4）角尺（90°角尺）

角尺用于度量面与面、线与线之间的垂直度，如法兰盘的组装等。当以角尺的两边贴靠在两个面或者两条线上无间隙时，则可以认为两个面或者两条线是垂直的。

▲ 90° 角尺

小贴士　　　　　　　角尺使用技巧

① 使用时，角尺两边应该紧贴在两个被测面或者两条被测线上，若角尺两边均无间隙，则两个面（线）垂直。

② 使用时必须轻拿轻放，不得与被测物发生撞击。

③ 使用完毕后应该及时将角尺擦拭干净。若长期不使用，应该采取保护措施以防止尺面锈蚀。

3.1.2　管钳

（1）手动管钳

手动管钳又名管子扳手，用来扳动金属、管子附件或其他圆柱形工件，由钳柄、套夹和活动钳口组成，其开口的尺寸可以调节。

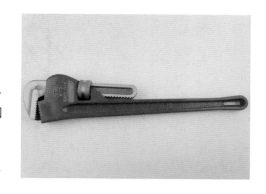

▶手动管钳

手动管钳使用技巧

① 操作管钳时，用钳口卡住管子，通过向钳把施加压力，迫使管子转动。为了防止钳口脱落而伤到手指，一般左手轻压钳口上部，右手握钳，两手动作要协调。

② 扳动管钳手柄不可用力过猛或在手柄上加管套。

③ 管钳管口不得沾油，以防打滑。

（2）链条式管钳

链条式管钳多用于直径较大的管件和管钳伸不进去的狭窄处的管件安装。链条式管钳，俗称链钳，其包含钳柄和一端与钳柄铰接的链条，钳柄的前端设有与链条啮合的牙。链条通过连接板与钳柄铰接，即链条的一端与连接板的一端铰接，连接板的另一端与钳柄铰接。

▲链条式管钳

▲铰链式管钳操作示范

链条式管钳使用技巧

① 安装时要逐渐卡紧链条，卡紧时不可用力过猛，防止打滑。

② 链条上不得沾油，使用后应妥善保管。长期停用应涂油保护，重新启用时，应将防护油擦拭干净。

（3）台虎钳

台虎钳又称虎钳，是用来夹持工件的通用夹具，装置在工作台上，用以夹稳加工工件。台虎钳由钳体、底座、导螺母、丝杠以及钳口体等组成。转盘式的钳体可以旋转，使工件旋转到合适的工作位置。

▲台虎钳

① 活动钳身通过导轨与固定钳身的导轨作滑动配合。丝杠装在活动钳身上，可以旋转，但不能作轴向移动，并与安装在固定钳身内的丝杠螺母配合。

② 当摇动手柄使丝杠旋转时，就可以带动活动钳身相对于固定钳身做轴向移动，起夹紧或放松的作用。

3.1.3　管子割刀

管子割刀是一种手动切割 PVC（聚氯乙烯）、PPR（无规共聚聚丙烯）等塑料管道的剪切工具，主要辅助切割机和热熔机来完成水管的切割工作。

▲ 管子割刀

① 将管道放置在管子割刀的刀口中，使管道与割刀垂直夹紧。

② 然后按压把手，使割刀的刀刃切入管道的管壁，随即均匀地将割刀整体环绕管道旋转。

③ 旋转一圈后再加深按压把手，使刀刃进一步切入管道，每次进刀量不宜过多，只需切割进 1/4 圈即可。

④ 然后继续转动割刀，保持边切割边旋转，直至将管子割断。

3.1.4　管压力钳

管压力钳又称龙门压力钳、管子台钳，由上下两部分组成。上半部分是一个龙门架式的形状，此结构物上设有丝杠，丝杠下端有凹形槽，丝杠旋转并往下运动时，即产生压力，压紧钢管；下半部分为一个钢座，钢座上设有一个凹形槽，此牙槽与上半部分的牙槽相对应，共同夹住钢管。

▶ 管压力钳

管压力钳使用技巧

① 管压力钳下钳口安装应牢固可靠，上钳口在滑道内能自由移动，压紧螺杆和滑道应当常加润滑油。

② 管压力钳的规格必须与所夹管道的规格匹配，不得将不适合钳口尺寸的工件上钳；对于过长的工件，应在其伸出工作台面部分设置支架使其稳固，夹持较脆软的工件时，应用布包裹，避免夹坏。

③ 操作时，将管子放入管压力钳钳口中，旋转把手卡紧管子。

④ 装夹管子或管件时，必须穿上保险销，压紧螺杆。旋转螺杆时应用力适当，严禁用锤击或加装套管的方法扳手柄。

3.1.5 管子铰板

管子铰板又可以称为板牙架、代丝，是用手工铰制外径为 6~100mm 的各种钢管外螺纹的主要工具，分轻便式和普通式两种，它主要由扳体、扳把与扳牙三部分构成。

3.1.6 錾子

錾子又称扁铲，是水暖工常用的工具，用于去除工件或金属切削后的毛刺、扁边或分割材料，錾子由头部、切削部分及錾子三部分组成。头部有一定的锥度，顶部略带球形，以便锤击时作用力容易通过錾子保持平稳。为避免錾削时錾子转动，錾身结构多呈八菱形。

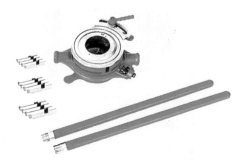

▲ 管子铰板

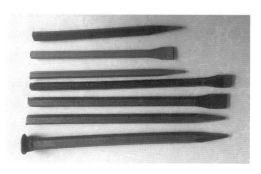

▲ 不同型号的錾子

小贴士	**錾子使用技巧**

① 錾子头部不能有油脂，否则锤击时易使锤面滑离錾头。

② 錾子不可握持太松，以免锤击錾子时，因松动而击打在手上。

③ 卷了边的錾头应及时修理或更换。修理时，应先在铁砧上将蘑菇状的卷边敲掉，再在砂轮机上修磨。刃口钝了的錾头，可在砂磨机上磨利。

3.1.7 手剪

手剪是给水排水工程安装中用到的一种剪切工具，用于剪切薄钢板（钢板厚度不大于 1.2mm）、橡胶垫、石棉橡胶板等。手剪分为直线剪和弯曲剪两种，直线剪用于剪切直线和曲线的外圆；弯曲剪用于剪切曲线的内圆。

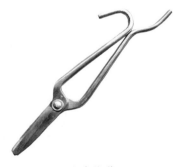

▲直线剪

▲弯曲剪

3.1.8 电剪

电剪可以剪切厚度小于 4.2mm 的材料，剪切最小半径为 30mm，可迅速更换直剪和曲线切削器的刀片，切削性能优越。电剪分为带状电剪和电冲剪。其中，电冲剪非常灵活，曲线性能好，适合梯形板、波纹板以及拱形平板等。电冲剪结构紧凑，无论需要切割的曲线多么复杂，均可应付自如。

▶电冲剪

3.1.9 手动弯管器

手动弯管器的结构形式很多，其中最常用的是一种自制的小型固定式手动弯管器，用螺栓固定在工作台上使用，一般可以弯曲直径为 *DN*32（国标管径）以下的管子。

定胎轮　　动胎轮

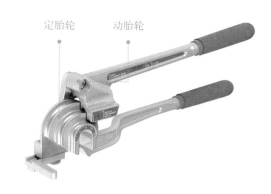

▶手动弯管器

手动弯管器使用技巧

① 弯管时，把要弯曲的管子插入与管子外径相符的定胎轮和动胎轮之间，一端夹持固定，推动煨杠，带动管子绕定胎轮转动，把管子弯到所需要的角度为止。

② 一对胎轮只能弯一种管径的弯管。管子外径改变，胎轮也必须改变。

3.1.10 电动弯管机

电动弯管机是一种可以将金属管弯成一定角度或弧线的电动工具。弯管时，使用的弯管模、导向模以及压紧模必须与被弯管子的外径相匹配，以免管子产生不允许的变形。

▲电动弯管机

3.1.11　切割机

切割机的重量大，切割精度高，管口处理细腻，常用来切割家装中的排水管道。切割机操作简单，实用性高，代替了传统的钢锯。

保护罩　　　　　　　　　　　　　　　　　　下拉扶手

　　　　　　　　　　　　　　　　　　　　　锯片

固定支架　　　　　　　　　　　　　　　　　角度调节阀门

▲切割机结构

▲驼背尺锯片　　　　▲平齿锯片　　　　▲无齿圆锯片

小贴士　　　　　　　　**切割机使用注意事项**

① 戴好护目镜、口罩以及手套。

② 检查锯片的松紧度、操作台的稳固度。

③ 先启动主机，然后再按工作按钮。

④ 开始切削，速度要慢，等锯片全部进去后，可加快切削速度。

⑤ 不可长时间切割作业，需控制锯片的温度。

3.1.12 热熔机

热熔机用于给水管的连接，通过热熔的方式将水管与水管、水管与配件粘接在一起。热熔机是由电加热方法将加热板热量传递给上下塑料加热件的熔接面，使其表面熔融，然后将加热板迅速退出，将上下两片加热件加热后熔融面熔合、固化、合为一体的仪器。

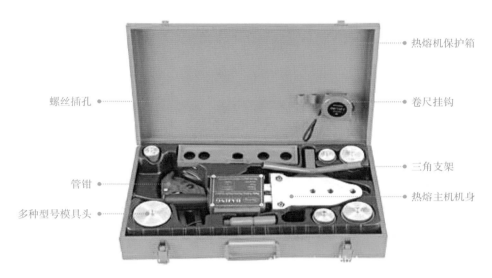

螺丝插孔
管钳
多种型号模具头

热熔机保护箱
卷尺挂钩
三角支架
热熔主机机身

▲热熔机箱体结构

（1）热熔机的组装方法

步骤一：安装固定支架，支架多为竖插型，将热熔机直接插入支架即可。

▲安装支架

步骤二：安装模具头，先用内部螺丝连接两端模具头，再用六角扳手拧紧。

▲ 安装模具头

（2）热熔机的使用方法

① 插入电源，待热熔机加热。绿灯亮表示正在加热，红灯亮表示加热完成，可以开始工作（PPR 管调温到 260~270℃；PE 管调温到 220~230℃）。

▲ 热熔机加热

② 将管道与配件从两侧匀速插进模具头，3~5s 后移出。

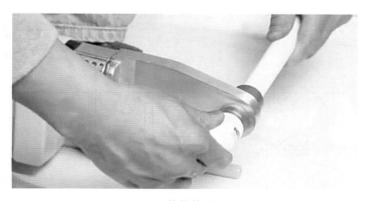

▲ 热熔管道

③ 迅速连接管道与配件，插入时不可旋转，不可用力过猛。

▲ 连接管道

小贴士   **两种类型的热熔机对比**

名　称		特　点
恒温式 热熔机		恒温式热熔机性价比高，恒温效果好，使用寿命较长
数显式 热熔机		数显式热熔机相比较恒温式热熔机更智能，温度调节可选择性更多，但恒温效果相对较差

3.1.13 打压泵

打压泵是测试水压、水管密封效果的仪器，通常是一端连接水管，另一端不断地向水管内部增加压力，通过压力的增加，测试水管是否有泄漏等问题。

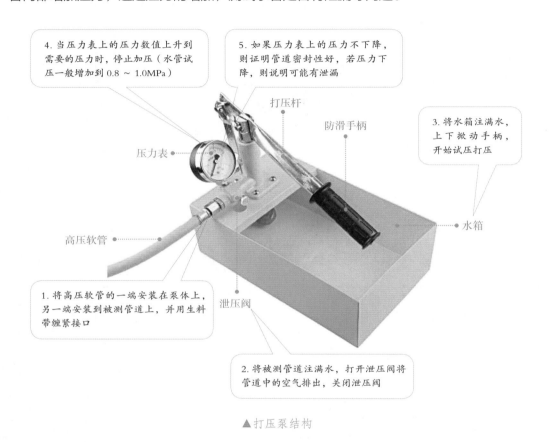

4. 当压力表上的压力数值上升到需要的压力时，停止加压（水管试压一般增加到 0.8 ~ 1.0MPa）

5. 如果压力表上的压力不下降，则证明管道密封性好，若压力下降，则说明可能有泄漏

打压杆

防滑手柄

压力表

3. 将水箱注满水，上下掀动手柄，开始试压打压

水箱

高压软管

1. 将高压软管的一端安装在泵体上，另一端安装到被测管道上，并用生料带缠紧接口

泄压阀

2. 将被测管道注满水，打开泄压阀将管道中的空气排出，关闭泄压阀

▲ 打压泵结构

小贴士 — **打压泵操作注意事项**

① 不宜在有酸碱、腐蚀性物质的工作场合使用。

② 测试压力时，应使用清水，避免使用含有杂质的水来进行测试。

③ 在试压过程中若发现有任何细微的渗水现象，应立即停止试压并进行检查和修理，严禁在渗水情况下继续加大压力。

④ 试压完毕后，先松开放水阀，压力下降，以免压力表损坏。

⑤ 试压泵不用时，应放尽泵内的水，倒入少量机油，以防止锈蚀。

3.2　水暖工工具

3.2.1　分水器扳手

　　分水器扳手主要用于地暖集分水器部件的拧紧加固，分水器扳手的形状为一侧开口的五角形结构，两头分别有两种对应型号。根据不同的集分水器大小，有多种不同对应型号的分水器扳手，常见的有 27-28、27-29、34-38 三种型号。

▲分水器扳手

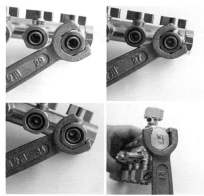

▲分水器扳手操作细节

3.2.2　放管器

　　地暖放管器是一种可折叠的便携式工具，撑开后呈雨伞形状，将地暖管套入上面的旋转装置，一人便可以从事地暖管铺装施工，节约了人工成本。管子不会出现扭曲打折较劲等现象，同时可以使地暖管不受损伤。

▲放管器

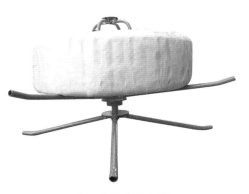

▲放管器使用细节

3.2.3　手动卡压钳

手动卡压用于铝塑管、PEX 管（交联聚乙烯管）、PB 管（聚丁烯管）等与铜管件、铜接头的压接连接，通过和标准的压接模具配合使用，施加机械力于管件上形成不透水的永久密封。手动卡压钳的压接模具有多种不同的型号，常见的有 16mm（内壁直径）、20mm、25mm、26mm 四种型号。

▲手动卡压钳

▲压接模具

　手动卡压钳使用技巧

① 操作时，将压接模具完全对准管件。不要让工具和压接钳直接悬挂在管件上，以避免工具不慎跌落造成不必要的伤害。

② 确保压接模具和工具与管道垂直，如果压接模具和工具未与管道垂直，则在压接过程中工具会自动尝试对齐。但这样会导致压接不当或工具损坏。

第 4 章
水暖施工预算

　　水暖施工预算分为两部分，一部分是水路的施工预算，包括水路的材料、人工、工程量以及预算表等内容；另一部分是地暖的施工预算，包括地暖的材料、人工、工程量以及预算表等内容。之所以这样区分，是因为水路与地暖预算的计算规则和方法存在着本质区分，包括运用到的材料、人工施工技术等是不互通的，需要彼此独立出来。

4.1 水暖施工费用计算规则与方法

（1）水路施工费用计算规则与方法

水路施工费用的支出分为两部分，一部分是施工技术人员的工价，另一部分是水路施工所用材料的价钱。关于施工技术人员的工价计算规则通常按照项目计算，如改主下水管道一根 ×× 元（含拆墙）、改马桶排污管一根 ×× 元（不含打孔）、改 50mm 管一根 ×× 元、改 75mm 管一根 ×× 元等，将所有项目的数量相加即可得出水路工价。

关于水路材料价钱的计算规则，需要了解各种水路材料的市场价格和房屋内水路材料的使用数量，彼此相乘即可得出材料价钱。

小贴士　　水路施工费用计算公式

① 水工工价计算方法

假设待施工的室内有两个卫生间、一个厨房、一个阳台。则计算公式如下：

主下水管道单价 ×4（数量）＋马桶排污管单价 ×2（数量）+50mm 管单价 ×9（数量）+75mm 管单价 ×3（数量）＝总价钱

② 材料价钱计算方法

为便于计算，假设水路施工只用到 PPR 给水管、PVC 排水管、PPR 弯头三种材料。其中，PPR 给水管需要 20 根，每根 60 元，PVC 排水管需要 12 根，每根 50 元，PPR 弯头需要 45 个，每个 6 元。则计算公式如下：

20（PPR 给水管）×60+12（PVC 排水管）×50+45（PPR 弯头）×6=2070（元）（总价钱）

（2）地暖施工费用计算规则与方法

地暖施工费用的计算规则为工价加上所用材料的总和。其中，工价的计算有两种方式，一种是按照地暖路数（每路 50~80m）来计算，如一路 ×× 元，乘上所有的路数即可得出工价；一种是按照平方米收费，每平方米 ×× 元，乘上房屋铺设地暖面积即可得出工价。

地暖所用材料主要有地暖管、保温板、反射膜、集分水器以及钢网等，熟知每项材料的市场价值，再计算出室内材料的用量，两者相乘即可得出地暖所用材料的价格。

小贴士	**地暖施工费用计算公式**

① 地暖工价计算方法

此处按照平方米收费方式计算。假设待施工的室内面积为 120m²，其中卫生间不铺设地暖，减去 10m²。则计算公式如下：

110（地暖铺设面积）× 每平方米单价 = 总价钱

② 材料价钱计算方法

为便于计算，假设地暖施工只用到地暖管、集分水器、保温板三种材料。其中，地暖管需要 300m，每米 1.8 元，8 路集分水器 800 元，保温板需要 95 张，每张 15 元。则计算公式如下：

300（地暖管米数）×1.8+800（8 路集分水器）+95（保温板张数）×15=2765（元）（总价钱）

4.2 水暖施工技术人员工价参考

（1）水工工价参考

水工在装修过程中所从事的施工项目基本是固定的，而且全部是局部的项目改造，主要围绕厨房、卫生间以及阳台等空间展开，若按照面积来计算水工工价不能准确地体现出水工的施工价值。因此形成了水工工价特定的计算方式，具体计算方式如下表所示。

施工项目	水工工价
改主下水管道（含拆墙）	200～300 元 / 个
改马桶排污管（不含打孔）	100～150 元 / 个
改 50mm 管（如地漏、洗手盆）	50～85 元 / 个
改 75mm 管	90～120 元 / 个
做防水	200～400 元 / 项

注：因所在城市、地区以及南北方差异等因素，此工价表仅做参考使用，具体水工工价应参考当地市场的实际情况。

（2）地暖工工价参考

地暖工与水工的施工项目与技术完全不同，属于两种不同的施工工艺。在具体的施工过程中，地暖工需要将地暖管均匀地铺满每一处空间，并做好保温以及各种防护措施。由于这种施工方式，地暖工的工价形成了两种计算方式：一种是按照面积计算，每平方米（实际施工面积）8~14 元；另一种是按照地暖柱数计算，一柱（一柱长50~80m）120~150 元。

4.3　水暖材料价格参考

（1）水路主要材料价格参考

水路核心材料是给水管和排水管两种管材，给水管又分为冷水管和热水管，采用 PPR 材质；排水管采用 PVC 材质。围绕两种主要的管材，有多种不同管材配件，以 PPR 给水管为例，有直接接头、弯头、三通以及堵头等用于不同位置的配件。此处围绕水路常见的主要材料，列举出水路主要材料价格参考表，具体内容如下表所示。

水路材料		参考单价
PPR 给水管（4 分管）		12 ~ 15 元 /m
PPR 给水管配件	直接接头	3 ~ 4 元 / 个
	90°弯头	4 ~ 5 元 / 个
	45°弯头	2.5 ~ 4.5 元 / 个
	三通	5 ~ 6.5 元 / 个
	过桥弯头	9 ~ 13 元 / 个
	内丝弯头	20 ~ 30 元 / 个
	内丝三通	24 ~ 35 元 / 个
	内丝直接	20 ~ 22 元 / 个
	外丝弯头	27 ~ 35 元 / 个
	外丝直接	23 ~ 30 元 / 个
	双联内丝弯头	55 ~ 60 元 / 个
	外丝堵头	1 ~ 1.5 元 / 个

水路材料		参考单价
软连接		12～35元/个
生料带		2.5～4.5元/个
PVC排水管（50管、75管、110管）		10～25元/m
PVC排水管配件	弯头（含90°、45°弯头）	8～22元/个
	斜三通	25～30元/个
	P形存水弯	15～20元/个
	S形存水弯	35～45元/个
	瓶形三通	12～15元/个
	立管检查口	20～25元/个

注：此表格内的水路材料价格为参考价，不能代表市场中水路材料的实际价格。

（2）地暖主要材料价格参考

地暖施工中运用最多也是最核心的材料是地暖管，有4分管、6分管等的区别。集分水器是用来总控地暖管的，相当于地暖供热的总阀门。在地暖管的下面，需要铺设保温板、反射膜以及钢丝网等材料，起到保温效果。如上所述的几种材料，是地暖的主要材料，再加上几种常用的辅材，形成了下面的地暖材料价格参考表。具体内容如下表所示。

地暖材料	参考单价
集分水器（2～8柱）	350～1200元/项
地暖管（4分、6分）	1.5～2.5元/m
保温板	12～15元/张
反射膜	60～80元/卷（每卷100m）
钢丝网	40～45元/张（1m×2m）
保温条	1～1.5元/m
卡钉	4～5元/包（每包100只）
铝箔胶带	15～20元/卷

4.4 水暖工程量计算规则与方法

（1）水路工程量计算规则与方法

水路工程量的计算是根据给水管的敷设长度、所需配件数量，以及排水管的敷设长度、所需配件数量得来的。其中，工程量占比较大的是给水管的敷设长度，也就是冷、热水管敷设距离的总和。排水管的敷设长度相对较短，主要围绕在厨房、卫生间以及阳台的地面中。

1）给水管敷设长度以及配件数量计算方法

给水管的敷设从入户水管（通常入户水管设计在厨房）的位置开始，敷设到水槽的位置，从水槽的位置敷设到卫生间，并环绕卫生间敷设到洗手盆、坐便器、淋浴花洒、热水器等位置。同时，从卫生间或厨房敷设给水管到阳台，至洗衣机、拖把池以及洗衣池的位置。将这个过程内的给水管长度相加得出的米数，便是给水管的工程量。

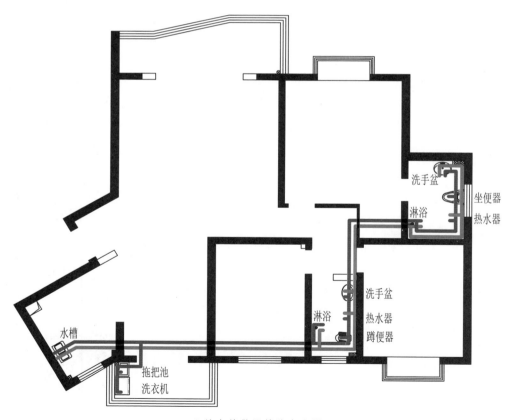

▲ 给水管敷设管路走向图

小贴士　给水管工程量计算公式

① 给水管敷设长度计算公式

假设厨房的长度为 A、宽度为 B，客卫生间的长度为 C、宽度为 D，主卫生间的长度为 E、宽度为 F，阳台的长度为 G、宽度为 H，厨房到客卫生间的长度为 I，厨房到阳台长度为 J，客卫生间到主卫生间的长度为 K，室内的层高为 M。则计算公式如下：

（1/2A+B+1/4M）（厨房敷设长度）+[（C+D）×2+4M]（客卫生间敷设长度）+[（E+F）+×2+4M]（主卫生间敷设长度）+（1/2G+H+1/2M）（阳台敷设长度）+[（I+J+K）×2]（额外敷设长度）= 给水管敷设总长度

② 给水管配件数量计算公式

给水管配件的数量因用水设备，如水槽、洗手盆、淋浴花洒等的增加而呈一定比例的增加，根据经验总结，1 个用水设备需要 2 个内丝弯头、2 个三通和 1 个过桥弯头；每 2 个用水设备之间需要 2 个 90°弯头；每 4 个用水设备之间需要 2 个直接接头；每 1 个用水设备需要 2 个丝堵。假设室内用水设备的数量为 A。则计算公式如下：

2×A（内丝弯头）+2×A（三通）+1×A（过桥弯头）+1×A（90°弯头）+1/2A（内丝弯头）+2×A（丝堵）= 给水管配件总数量

2）排水管敷设长度以及配件数量计算方法

排水管的敷设原理与方式和给水管的不同，排水管的敷设不是连贯性的，而是分段计算的，因此敷设总长度相比较给水管短很多。通常在一个空间中，如厨房、卫生间有 1~2 个主排水立管，各个用水设备的排水管需从主排水立管单独往外连接，其中，坐便器需要一个单独的排水管道，而洗手盆、淋浴花洒以及地漏等可串联在一个排水管道中。将各个用水设备到主排水立管之间的敷设长度相加，便可得出排水管的工程量。

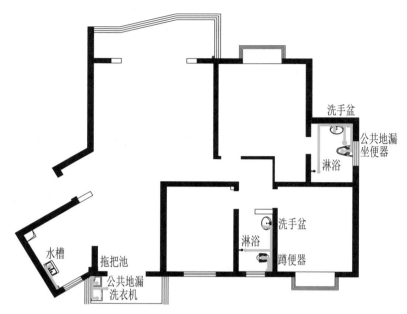

▲ 排水管敷设管路走向图

小贴士　　　　排水管工程量计算公式

① 排水管敷设长度计算公式

假设水槽距主排水立管长度为 A，洗手盆距主排水立管长度为 B，淋浴花洒距主排水立管长度为 C，公共地漏距主排水立管长度为 D，坐便器距主排水立管长度为 E，洗衣机距主排水立管长度为 F，拖把池距主排水立管长度为 G。则计算公式如下：

A＋（B＋C＋D）/1.5（三个用水设备共用一个管道）＋E＋（F＋G）/1.5（两个用水设备共用一个管道）＝排水管敷设总长度

② 排水管配件数量计算公式

计算排水管配件数量需要先将用水设备分类，其中水槽、洗手盆以及洗衣池为一类，分别需要 1 个存水弯、1 个 90° 弯头；坐便器、蹲便器为一类，分别需要 1 个 90° 弯头、1 个三通；淋浴地漏、公共地漏、阳台地漏为一类，分别需要 1 个 90° 弯头、1 个三通。另外，一个主排水立管需要 1 个三通。则计算公式如下：

（水槽数量＋洗手盆数量＋洗衣机数量）×2＋（坐便器数量＋蹲便器数量）×2＋（淋浴地漏数量＋公共地漏数量＋阳台地漏数量）×2＋主排水立管数量 ×1＝排水管配件总数量

（2）地暖工程量计算规则与方法

地暖工程量的计算是根据地暖管的敷设长度或敷设面积来决定的，主要是因为地暖管在敷设施工中，耗费人工量最大，而其他施工环节如敷设保温板、反射膜等施工相对简单很多。在地暖管的敷设过程中，地暖管的标准间距要求为 150mm，因此在得知房间长度和宽度的情况下，是可以通过公式计算得出地暖管敷设长度的。

假设室内有一个客厅、一个餐厅、两个卧室、一个书房、一个厨房、两个卫生间以及一个阳台。则计算公式如下：

客厅宽度 / 150× 客厅长度 + 餐厅宽度 / 150× 餐厅长度 + 卧室宽度 /150× 卧室长度 ×2+ 书房宽度 / 150× 书房长度 + 厨房宽度 / 150× 厨房长度 + 卫生间宽度 / 150× 卫生间长度 ×2+ 阳台宽度 / 150× 阳台长度 ＝地暖管敷设总长度（地暖工程量）（式中计算单位为 mm）

4.5 水暖施工费用预算表

水暖施工费用预算表分为两个部分，一部分是水路施工预算，另一部分是地暖施工预算。这两部分无论从对施工技术人员的要求上，还是使用的材料上都存在着明显的差别，因此需要单独计算。水路施工预算主要分为水路材料的预算，如 PPR 给水管、PVC 排水管和各种管材配件等的价格，以及水路人工的预算；地暖施工预算主要分为地暖材料的预算，如集分水器、地暖管、保温板和反射膜等的价格，以及地暖人工的预算。将两部分的预算总和相加，便可得出水暖施工的总费用。下面根据室内平面布置图来分析水暖施工费用预算表的计算方法。

如下图所示，该户型内分布着一个客厅、一个餐厅、两个卧室、一个书房、一个衣帽间、一个厨房、两个卫生间以及两个阳台。其中，水路施工主要集中在厨房、南北阳台以及两个卫生间中；而地暖的集分水器布设在厨房中，地暖管敷设在每一处空间中。由上可知，水路施工集中在特定的局部空间，地暖施工普遍存在每一处空间。了解了以上的信息后，便可开始制作预算表。具体的水暖施工费用预算表如下表所示。

序　号	名　称	参考单价	数　量	合计/元	备　注
一、水路施工预算					
1	PPR 给水管	20 元/m	48m	960	水管 $\phi 25 \times 4.2$mm
2	45° 弯头	6.5 元/只	10 只	65	25 型 45° 弯头
3	90° 弯头	6.5 元/只	35 只	227.5	25 型 90° 弯头
4	正三通	7.5 元/只	15 只	112.5	25 型正三通
5	过桥弯头	16 元/只	15 只	240	25 型过桥弯头
6	直接接头	3 元/只	12 只	36	25 型直接接头
7	内丝弯头	30 元/只	26 只	780	内丝弯头 25×1/2 型

续表

序 号	名 称	参考单价	数 量	合计/元	备 注
8	外丝弯头	37 元 / 只	6 只	222	外丝弯头 25×1/2 型
9	内丝直接	29 元 / 只	8 只	232	内丝直接 25×1/2 型
10	外丝直接	36 元 / 只	6 只	216	内丝直接 25×1/2 型
11	内丝三通	52 元 / 只	2 只	104	内丝三通 25×1/2×25 型
12	热熔阀	90 元 / 只	1 只	90	25 型热熔阀
13	PVC 排水管 110mm× 110mm 管	25 元 /m	3m	75	110mm 管径 PVC 管
14	PVC 排水管 75mm× 75 mm 管	20 元 /m	4m	80	75mm 管径 PVC 管
15	PVC 排水管 50mm × 50mm 管	14 元 /m	6m	84	50mm 管径 PVC 管
16	110mm 三通	10 元 / 只	2 只	20	—
17	110mm 弯头 90°	7.5 元 / 只	5 只	37.5	—
18	110mm 弯头 45°	7.5 元 / 只	3 只	22.5	—
19	110mm 束接	3.5 元 / 只	4 只	14	—
20	110mm 管卡	2.5 元 / 只	10 只	25	—
21	75 mm 弯头 90°	5 元 / 只	4 只	20	—
22	75mm 弯头 45°	5 元 / 只	4 只	20	—
23	75mm 三通	6 元 / 只	2 只	12	—
24	75mm 束接	3 元 / 只	2 只	6	—
25	75mm 管卡	2 元 / 只	15 只	30	—
26	50mm 弯头 90°	4 元 / 只	8 只	32	—

序 号	名 称	参考单价	数 量	合计/元	备 注
27	50mm 三通	5 元/只	3 只	15	—
28	50mm 束接	4 元/只	4 只	16	—
29	50 mm P 形存水弯	8 元/只	3 只	24	P 形存水弯
30	50 mm S 形存水弯	8 元/只	2 只	16	S 形存水弯
31	改主下水管道	280 元/个	3	840	人工费
32	改马桶排污管	150 元/个	2	300	人工费
33	改 50mm 管	60 元/个	5	300	人工费
34	改 75mm 管	95 元/个	3	285	人工费
35	做防水	350 元/项	3	1050	人工费
合计				6609	
二、地暖施工预算					
1	集分水器	1400 元/个	1 个	1400	8 路集分水器
2	地暖管	2.5 元/m	750m	1875	20mm×20mm 地暖管
3	保温板	18 元/张	60 张	1080	尺寸 2000mm×600mm
4	反射膜	105 元/卷	4	420	镜面防水反射膜
5	钢丝网	13 元/张	58 张	754	尺寸 2000mm×100mm，网格尺寸 60mm×60mm
6	其他辅助材料	300 元/项	1 项	300	卡钉、铝箔胶带、保温条等
7	人工费	130 元/路	8 路	1040	—
合计				6869	
总合计				13478	

第 5 章

识别材料

　　水暖施工材料分为水路材料和地暖材料两部分，其中水路的核心材料是管材，包括 PPR 给水管、PPR 管材配件、PVC 排水管、PVC 管材配件以及铜管、镀锌管等。在家装的施工中，主要用到 PPR 给水管和 PVC 排水管两种管材以及相应的管材配件；地暖的核心材料是集分水器和地暖管，集分水器用于控制供热量，地暖管用于管路的供热，其余的材料如保温板、反射膜等材料，主要用于地暖管供热过程中的保温作用，以防止热量消散。

5.1 水路材料

5.1.1 PPR 给水管

PPR 给水管是俗名，学名称为三型聚丙烯管，可以作为冷水管，也可作为热水管。通常热水管的管壁上有红色的细线，冷水管的管壁上有蓝色的细线。PPR 管具有耐腐蚀、强度高、内壁光滑不结垢等特点，使用寿命可达 50 年，是目前家装市场中使用最多的管材。

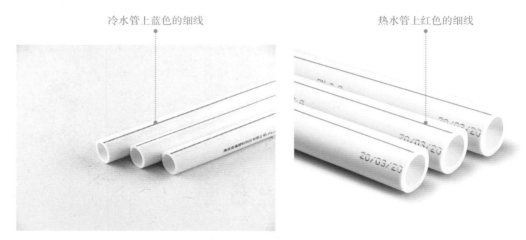

冷水管上蓝色的细线   热水管上红色的细线

▲ PPR 给水管

5.1.2 PPR 直接的种类

PPR 直接是指可将两根 PPR 给水管直线连接起来的配件，种类包括直接接头、异径直接和过桥弯头三种配件。其中，直接接头用于连接两根等径的 PPR 给水管，如两根 4 分（直径为 15mm）管的连接；异径直接用于连接两根异径的 PPR 给水管，如 4 分管和 6 分（直径为 20mm）管的连接；过桥弯头用于十字交叉处的两根等径 PPR 给水管的连接。

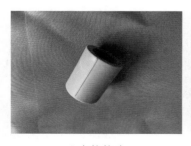

▲直接接头

▲异径直接

▲过桥弯头

5.1.3　PPR 弯头的种类

　　PPR 弯头是指将两根 PPR 给水管呈 90° 或 45° 的角度连接的配件，包括 90° 弯头、45° 弯头、活接内牙弯头、承口外螺纹弯头、承口内螺纹弯头和双联内丝弯头六种配件。其中，90° 弯头和 45° 弯头采用热熔方式将两根 PPR 给水管连接到一起，而活接内牙弯头、承口外螺纹弯头和承口内螺纹弯头是采用螺纹连接的方式将两根 PPR 给水管连接到一起。双联内丝弯头主要用于淋浴处冷热水管的连接。

▲ 90° 弯头

▲ 45° 弯头

▲ 活接内牙弯头

▲ 承口外螺纹弯头

▲ 承口内螺纹弯头

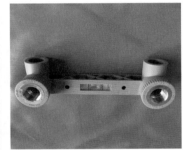

▲ 双联内丝弯头

5.1.4　PPR 三通的种类

　　PPR 三通是指将三根 PPR 给水管呈直角连接在一起的配件，包括等径三通、异径三通、承口外螺纹三通和承口内螺纹三通四种配件。其中，等径三通和异径三通采用热熔方式将三根 PPR 给水管连接到一起，而承口外螺纹三通和承口内螺纹三通是采用螺纹连接的方式将三根 PPR 给水管连接到一起。

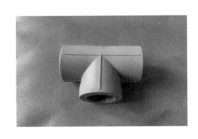

▲ 等径三通

▲ 异径三通

▲ 承口外螺纹三通

▲ 承口内螺纹三通

5.1.5 阀门的种类

阀门是用来开闭管路、控制流向、调节和控制输送水流的管路附件。阀门是水流输送系统中的控制部件，具有截止、调节、导流、防止逆流、稳压、分流或溢流泄压等功能。家装中常见的阀门有冲洗阀、截止阀、三角阀以及球阀四种。

① 蹲便器冲洗阀：用于冲洗蹲便器的阀门，分为脚踏式、旋转式、按键式等。

▲ 脚踏式冲洗阀

▲ 旋转式冲洗阀

▲ 按键式冲洗阀

② 截止阀：是一种利用装在阀杆下的阀盘与阀体凸缘部分（阀座）的配合，达到关闭、开启目的的阀门，分为直流式、角式、标准式，还可分为上螺纹阀杆截止阀和下螺纹阀杆截止阀。

▲ 截止阀

③ 三角阀：管道在三角阀处呈 90°的拐角形状，三角阀起到转接内外出水口、调节水压的作用，还可作为控水开关，分为 3/8（3 分）阀、1/2（4 分）阀、3/4（6 分）阀等。

▲ 三角阀

④ 球阀：球阀用一个中心开孔的球体作阀芯，旋转球体控制阀的开启与关闭，来截断或接通管路中的介质，分为直通式、三通式及四通式等。

▲ 球阀

5.1.6　PVC 排水管

　　PVC 排水管的抗拉强度较高，有良好的抗老化性，使用年限可达 50 年。管道内壁的阻力系数很小，水流顺畅，不易堵塞。施工方面，管道、管件连接可采用粘接，施工方法简单，操作方便，安装工效高。

PVC 排水管的表面一般都比较光滑

PVC 排水管上面的黑字表示产地、型号、标准等级等

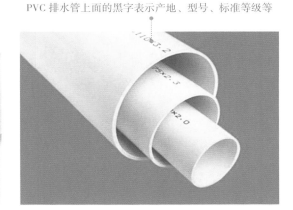

▲ PVC 排水管

小贴士　　　　　　　　　　**PVC 排水管常见规格**

公称直径 /mm	公称外径 /mm	内径 /mm	壁厚 /mm	选　用
50	50	46	2.0	面盆、水槽、浴缸等排水支管
80	75	71	2.0	面盆、水槽等排水横管
100	110	104	3.0	坐便器连接口，洁具排水横管、立管
150	160	152	4.0	立管
200	200	190.2	4.9	

5.1.7 PVC 弯头的种类

PVC 弯头是指将两根 PVC 排水管呈 90° 或 45° 粘接在一起的配件，包括 90° 弯头、45° 弯头、90° 带检查口弯头和 45° 带检查口弯头四种配件。其中，90° 弯头和 45° 弯头用于地面的 PVC 排水管粘接，而 90° 带检查口弯头和 45° 带检查口弯头用于墙面的 PVC 排水管粘接，检查口方便 PVC 排水管的维修。

▲ 90° 弯头

▲ 45° 弯头

▲ 90° 带检查口弯头

▲ 45° 带检查口弯头

5.1.8 PVC 三通的种类

PVC 三通是指将三根 PVC 排水管粘接到一起的配件，包括 90° 三通、45° 斜三通和瓶形三通三种配件。其中，90° 三通和 45° 斜三通用于等径 PVC 排水管的粘接，而瓶形三通用于异径 PVC 排水管的粘接。在实际使用过程中，45° 斜三通的实用价值更高，可有效防止排水管发生堵塞等情况。

▲ 90° 三通

▲ 45° 斜三通

▲ 瓶形三通

5.1.9　PVC 存水弯的种类

　　PVC 存水弯是在卫生器具排水管上或卫生器具内部设置一定高度的水柱，防止排水管道系统中的气体窜入室内的附件，起到防臭的作用。PVC 存水弯细分包括 P 形存水弯、S 形存水弯和 U 形存水弯三种，每个存水弯上都配置有检查口，便于维修。

▲ P 形存水弯　　　　　　　　　▲ S 形存水弯　　　　　　　　　▲ U 形存水弯

5.1.10　PVC 立管检查口

　　PVC 立管检查口是指在 PVC 排水主管道中安装的一种配件，便于主管道的检修。检查口带有可开启检查盖的配件，检修时，只要将检查盖拧开即可。

5.1.11　铜管

　　铜管，又称紫铜管，常用于自来水管道、供热以及制冷管道，可在不同环境中使用。铜管耐火且耐热，在高温下仍能保持其形状和强度，不会有老化现象。同时，铜管的耐压能力是塑料管和铝塑管的几倍乃至几十倍，它可以承受当今建筑中的最高水压。在实际的使用中，考虑到铜管的造价以及施工难度，在家装的水路施工中，运用相对较少。

▲ PVC 立管检查口　　　　　　　　　　　　▲ 铜管

5.1.12　PE 管

PE 管根据聚乙烯原材料的不同，分为 PE63 级（第一代）、PE80 级（第二代）、PE100 级（第三代）以及 PE112 级（第四代）聚乙烯管道。其中，给水管应用的主要是 PE80 级、PE100 级。

PE 管也分为高密度 HDPE 型管和中密度 MDPE 型管，当 PE 管用于排污管使用时，通常使用高密度 HDPE 型管，其耐磨、防酸耐腐蚀、耐高温、耐高压等性能优异。

▲ PE 管

5.1.13　镀锌管

镀锌管，又称镀锌钢管，分热镀锌和电镀锌两种，热镀锌镀锌层厚，具有镀层均匀、附着力强、使用寿命长等优点。电镀锌成本低，表面不是很光滑，其本身的耐腐蚀性比热镀锌管差很多。

▲镀锌管

5.2　地暖材料

5.2.1　分集水器

分集水器是由分水器和集水器组合而成的水流量分配和会集装置，分水器是将一路进水分散为几路输出的设备，而集水器是将多路进水汇集起来在一路输出的设备。分集水器由截止阀、自动排气阀、管接头和压力表等部分组成，固定则采用膨胀螺栓。

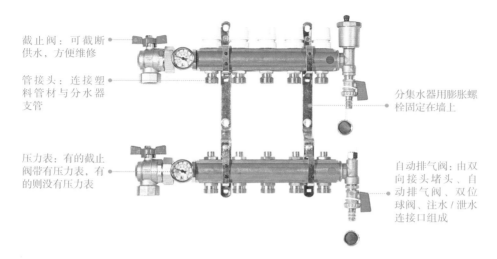

截止阀：可截断
供水，方便维修

管接头：连接塑
料管材与分水器
支管

压力表：有的截止
阀带有压力表，有
的则没有压力表

分集水器用膨胀螺
栓固定在墙上

自动排气阀：由双
向接头堵头、自
动排气阀、双位
球阀、注水／泄水
连接口组成

▲ 分集水器结构

将分集水器水平安装在图纸指定位置上，分水器在上，集水器在下，间距 200mm，集水器中心距地面
高度不小于 300mm

安装在分集水器上的地暖管需要
保护，建议使用保护管和管夹

管材是地暖工程中的重中之重，目前用于地暖铺装的管材有好几
种，常见的有 PEX、PERT、PB、铝塑管等

▲ 分集水器使用说明

5.2.2　地暖管

地暖管是指在低温热水地面辐射采暖系统（简称地暖）中用来作为低温热水循环流动载体的一种管材。其中，常用的材质有 PEX（交联聚乙烯）管、PERT（耐高温聚乙烯）管以及 PB（聚丁烯）管三种。

PEX（交联聚乙烯）管连接起来简便，一般的工人在短暂的时间里就可以将它安装好，PEX（交联聚乙烯）管抗划痕能力强，而且具有抗氧化功能，即使加热到 200℃也不会产生熔化的现象。在低温下的性能优异，但塑料管的膨胀系数大，长时间使用容易引起截面变小，弯曲很难修复。

▲ PEX（交联聚乙烯）管

PERT（耐高温聚乙烯）管运用最普遍，具有极强的抗冷脆性，加工起来方便、可以回收，在 70℃以下耐高温性能优异，在 80℃的高温下能使用长达20 年，但是若在高温 90℃以上使用，它的使用年限将不超过 10 年。其保留了 PE 的良好柔韧性、惰性，同时耐低温（ -40℃ ）、抗冲击性好、耐压性更好，无毒、无味、无污染，绿色环保。

▲ PERT（耐高温聚乙烯）管

PB（聚丁烯）管的优点较多，它的柔软抗打击性能强，使用年限可以长达60 年，在零下几十度的境况下也可以拥有很好的抗冲击性能，管材不容易被冻裂，也不会产生变形，在结冻以后能立刻还原成原来的样子，这是由于组成 PB 管的材质是十分稳定的，可以采用热熔来进行连接，但是原料加工比较困难，并且造价也比较昂贵。

▲ PB（聚丁烯）管

5.2.3 保温板

保温板是以聚苯乙烯树脂为原料加上其他的原辅料与聚合物，通过加热混合同时注入催化剂，然后挤塑压出成型而制造出的硬质泡沫塑料板，具有防潮、防水性能。在地暖施工中，常用的保温板材质是 XPS 挤塑保温板，其具有完美的闭孔蜂窝结构，这种结构让 XPS 板有极低的吸水性（几乎不吸水）、低热导率、高抗压性、抗老化性好（正常使用几乎无老化分解现象）。

5.2.4 反射膜

地暖反射膜由特殊处理的软性铝箔和耐热 PE 胶黏剂及带有色彩印格的聚酯膜和玻璃纤维复合加工而成，具有产量大、成本低的特点。反射膜在地暖中的作用主要是防止热量从地下散失，从而有效地提高热量反射和辐射能力，确保室内温度的恒定。

▲ XPS 挤塑保温板

▲ 地暖反射膜

5.2.5 钢丝网

地暖钢丝网用于室内地面采暖加固层加固、防裂等。在绝热层（反射膜）表面铺设钢丝网片用尼龙扎带来固定管材，特点是施工速度比较快、定位准确、管材安装整体效果好。同时，地暖钢丝网可加快散热速度，因为铁的导热性比较强这样地面散热很均匀。

▲ 地暖钢丝网

5.2.6 其他材料

地暖中的其他材料是指在地暖施工中运用到的辅助性材料，如边角保温条、卡钉等。这类材料不需要大面积的铺设，通常在局部铺设或配合其他材料使用。

（1）边角保温条

边角保温条又称边界保温条、墙角护温条、膨胀条等。边角保温条的主要原料为EPE（可发性聚乙烯）珍珠棉。边角保温的作用是不让地面温度传给墙面，减少热损失。这主要表现在两个方面，其一是地面受热后水泥蓄热层膨胀起到缓冲，如果没有安装边角保温条，墙边的水泥层将翘起，直接导致面材开裂；其二，边角保温条一边有一条塑料薄膜与反射膜粘贴，阻挡水泥沿着边缝往下流淌，同时可以避免人走到墙边时地面发出响声。

▲边角保温条

（2）卡钉

卡钉用来固定地暖管道，卡钉的使用使地暖管道的固定更加快速、方便。钢丝卡钉采用U形设计，U形开口距离根据地暖管道的直径来确定，一般为3.5~4.0cm，略大于卡钉的半圆直径，这种设计主要是利用钢丝卡钉本身的弹性，使卡钉具有一个向外的弹力。

施工时，施工人员将卡钉U形端用手轻轻捏一下，使卡钉的U形开口距离基本上与管道直径一致，并沿着管壁插入发泡水泥或苯板中，依靠钢丝本身向外的张力使钢丝与发泡水泥层或苯板的摩擦力大大增加，从而达到防止钢丝卡钉从发泡水泥层或苯板中弹出的目的。

▲卡钉

第 6 章
水路布管

　　家装水路布管是指 PPR 给水管和 PVC 排水管的布管原则、接管细节与三维效果图呈现。与施工、操作不同，本章节更注重理论讲解，通过一张张三维效果图的呈现，搭配理论文字，整体且全面地了解家装水路布管的原则与方法，了解在不同的空间，面对不同的情况，将给水管冷热水管设计到合理的位置，将排水管合理地配合给水管设计位置，来实现水路布管的整体布局。

6.1 给水管冷热水布管

6.1.1 入户水管总阀门布置

给水管入户水管的位置通常在厨房，室内所有的冷热水管均是从入户水管接入。因此，为保障室内的用水安全，需要在入户水管的源头设计并安装一个阀门，可手动地开启、闭合水流，实现对室内供水的控制。

总阀门的设计位置，通常距地面 300mm 左右，需要从入户水管接 90° 弯头抬高水管的高度，形成一个 U 字形，从而将阀门设计在合理位置，便于使用中的开关操作。

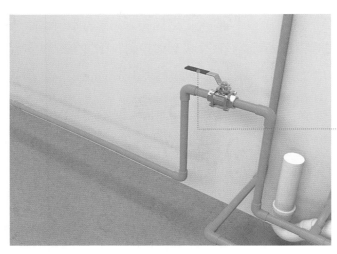

阀门设计为靠近水管的中间，和 90° 弯头保持一定的距离，避免配件之间距离过近引起后期水管漏水

▲入户水管总阀门布置

6.1.2 室内冷热水管布管走向图

室内冷热水管的分布，数量较多、较密集的区域集中在卫生间，无论是客卫生间，还是主卫生间，需要设计的冷热水管都很多。从下图中可以看出，冷热水由厨房引入卫生间的过程中，有一个冷水管的分支引向了阳台，因此从图片中可清晰地看到两条不同的分支。在设计冷热水管的位置、走向时，应尽量保持水管靠近墙边，保持水管的平直，减少转弯处与各种配件的接头。

室内冷热水管的布管，从厨房开始接入冷水管，将其接入卫生间后，再由卫生间接出热水管到需要的空间。其中，冷水管需要接入的空间有厨房、卫生间以及阳台，而热水管只需要接入厨房和卫生间，阳台通常不需要。

通往阳台的冷水管　　　卫生间内的冷热水管布管

▲冷热水管布管走向图（一）

冷热水管并排设计时应保持一定的间距

▲冷热水管布管走向图（二）

6.1.3　冷热水管交叉处布管方法

水管的交叉情况大致分两种，一种是T字形交叉，另一种是十字形交叉。在解决交叉问题时，采用的PPR水管配件为三通、90°弯头以及过桥弯头。其中，三通用于T字形交叉，而过桥弯头则用于十字形交叉。设计中有一个细节需要注意，过桥弯头拱桥的位置要向下，从给水管的下侧绕过。这种设计方式是为了保证所有给水管处于统一的平面，而不会有个别凸起的部分影响后期的施工。

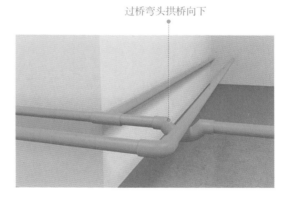

过桥弯头拱桥向下

▲冷热水管交叉布管

6.1.4　水槽冷热水布管

水槽设计在厨房的窗户前面，冷热水管设计在窗户的下面，橱柜的里面。从下图中可以看出，安装阀门的入户冷水管通过三通接入右侧的水槽的冷水管里，而左侧则是热水管，冷热水管之间保持150~200mm的间距，冷热水管端口距地450~550mm，这样便于接通水槽的水龙头。

热水管　　　冷水管

▲水槽冷热水布管

6.1.5　洗面盆冷热水布管

卫生间内的洗面盆设计冷热水管同样需要遵循左热右冷的原则，并保持冷水管端口的水平。在卫生间中，洗面盆通常设计在靠近门口的一侧，以便于日常生活中的使用。冷热水管设计具体位置时，应距离侧边的墙面 350~550mm 左右，便于后期安装洗面盆，使洗面盆处于洗手柜的中间。洗面盆冷热水管端口高度距地距离有两种选择，一种是距地 450~500mm，将其隐藏在洗手柜里面；另一种是距地 900~950mm，将其隐藏在墙面里，设计为墙排水龙头。

▲ 洗面盆冷热水布管（一）

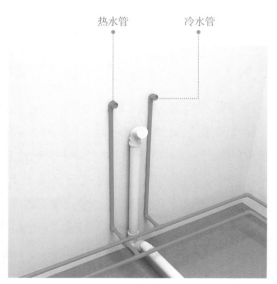

▲ 洗面盆冷热水布管（二）

6.1.6　坐便器冷水管布管

坐便器与卫生间内的其他用水设备不同，坐便器不需要接入热水管，只需要冷水管。因此，在坐便器的给水管布管中，只需要接入冷水管。由于坐便器的体积通常较大，因此在设计冷水管位置时，需注意偏离坐便器排水管一定的距离，保证坐便器安装后，不会遮挡住冷水管端口。

坐便器冷水管的端口与室内其他水管相比是距离地面最近的，距离在 250~400mm 之间。

冷水管

▲坐便器冷水管布管（一）

冷水管

▲坐便器冷水管布管（二）

6.1.7　淋浴花洒冷热水布管

　　淋浴花洒通常设计在卫生间的最内侧，靠近窗户的位置。花洒冷热水管的设计位置与侧边的墙面需保持 400mm 距离以上，这样的距离使得淋浴花洒在使用中更舒适。如下图所示，淋浴花洒冷热水管的侧边设计有主排水立管，冷热水管的侧边便是窗户。

　　在设计淋浴花洒冷热水管端口的距地距离时，应使之保持在 1100~1150mm 之间，这样加上明装在上面的淋浴喷头，共有 2000~2100mm 左右的距离，这个距离在实际的使用中最舒适。

热水管　　　　冷水管

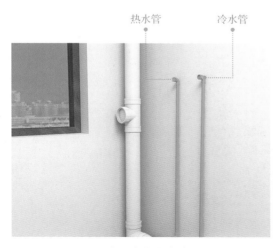

▲淋浴花洒冷热水布管（一）

热水管　　　　冷水管

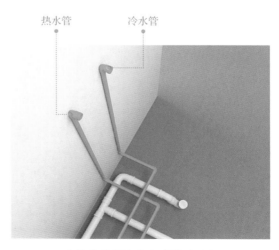

▲淋浴花洒冷热水布管（二）

6.1.8　热水器冷热水布管

热水器在卫生间中的安装高度在 2000~2200mm 之间，是各项用水设备中安装高度最高的，冷热水管的安装高度也要相应地提高，端口距地标准为 1800mm。如下图所示，热水器冷热水管的高度很高，与坐便器给水管相比，是其高度的 5 倍左右。

▲ 热水器冷热水布管（一）

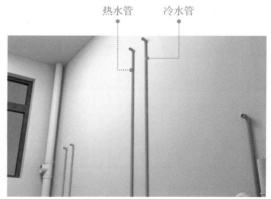

▲ 热水器冷热水布管（二）

6.1.9　洗衣机冷水管布管

洗衣机的高度通常在 850~950mm 之间，而洗衣机的进水口统一设计在上面。因此，洗衣机冷水管的设计高度应为 1100~1200mm。同时，冷水管的设计位置应靠近墙边的一侧，而不是洗衣机的正后方。

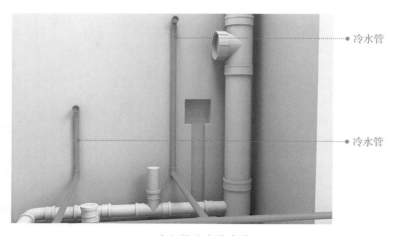

▲ 洗衣机冷水管布管

6.1.10 拖把池冷水管布管

拖把池通常邻近洗衣机摆放，这样的设计便于冷水管的布管，减少管路的长度与转弯。拖把池的高度较低，冷水管的高度设计应在 300~450mm 之间。与洗衣机冷水管不同的是，拖把池冷水管应设计在拖把池的正中间，而不是拖把池的一侧。

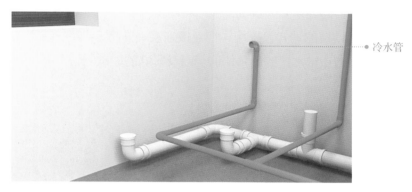

冷水管

▲ 拖把池冷水管布管

6.2 排水管路布管

6.2.1 厨房水槽排水管布管

水槽的排水管采用 50 管（直径为 50mm），需要使用异径三通从主排水立管（直径为110mm）上接管。因为水槽排水管的管路全部隐藏在橱柜里面，所以排水管不需要紧贴地面，或者预埋入地面当中。设计存水弯时，需使用 P 形存水弯，可有效地起到阻隔异味的作用。

主排水立管

水槽排水管

异径三通

P 形存水弯

▲ 厨房水槽排水管布管

6.2.2　卫生间排水管整体走向图

当卫生间内只有一个主排水立管时，地漏、坐便器排水、洗面盆排水等都需要接入统一的管道中。卫生间的排水主管道采用 110 管（直径为 110mm），将其接入到坐便器排水管中，之后的部分再采用 50 管（直径为 50mm）。这样的设计，可保证排水管排水、排污的畅通，不会遇到堵塞等情况。

在 50 管与 110 管连接的地方，采用异径直接连接，并将 50 管安装到 110 管的上侧。这样设计的目的是防止排水管的污水倒流，以及异味的扩散。

▲卫生间排水管整体走向图（一）　　　　　　▲卫生间排水管整体走向图（二）

6.2.3　洗面盆排水管布管

洗面盆的排水管布管设计有两种方式，分别应对不同的情况。一种是普通的洗面盆，排水管隐藏在洗手柜里面。设计这种排水管时，需要在洗面盆排水的位置设计 S 形存水弯，并预留检修口，便于后期排水管堵塞时的维修解决。

另一种是墙排式洗面盆设计，排水管需要预埋在墙体中，端口的位置采用 45°弯头连接。在排水管的下侧，需要预留 P 形存水弯，起到防止异味的作用。需要注意，无论排水管采用哪种设计方式，排水管都需要设计在给水管的下面，便于施工。

▲洗面盆排水管（普通式布管）

▲洗面盆排水管（墙排式布管）

6.2.4 坐便器排水管布管

坐便器的排水管采用 110 管（直径为 110mm），与主排水立管的直径相同。在设计坐便器排水管的过程中，需要采用 90° 弯头以及等径三通。等径三通用于连接主管道与分支管道，而 90° 弯头用于连接坐便器。从下图中可以看出，坐便器的排水管明显比周围的地漏排水管要粗很多。

▲坐便器排水管布管

6.2.5 洗衣机和拖把池排水管布管

洗衣机和拖把池的排水管相距较近，统一从阳台主排水立管上接管。在主排水立管上设计一个异径三通，使其连接 50 管（直径为 50mm），然后在 50 管上分别接入洗衣机排水管和拖把池排水管。

由于拖把池的排水阀在中间，因此拖把池排水管采用横向连接，并安装一个 90° 弯头；而洗衣机的排水管一般设计在洗衣机背后的地面上，因此洗衣机排水管应纵向连接，位置设计在洗衣机的一侧，而不是正后方。

阳台内的洗衣机和拖把池用水设备均不需要预留存水弯。

洗衣机排水管

拖把池排水管

阳台公共地漏

▲洗衣机和拖把池排水管布管

6.2.6 地漏排水管布管

在卫生间中需要设计两个地漏，一个是公共地漏，另一个是淋浴房地漏；在阳台中需要设计一个公共地漏；在厨房中不需要设计地漏。但无论设计在哪个空间的地漏，都需要采用 50 管（直径为 50mm）。在卫生间中设计的地漏，均需要设计 P 形存水弯，以防止异味；在阳台中设计的地漏不需要设计存水弯。

卫生间内的公共地漏，设计位置应靠近坐便器，安装在不显眼的地方；而淋浴房的地漏则距离淋浴花洒不要太远，理想的情况是设计在淋浴花洒的正下方或附近。

地漏排水管的设计，需要控制分支管道的长度，缩短管道的长度与转角，以最短的距离连接到主排水立管。

卫生间公共地漏

卫生间公共地漏　　　淋浴房地漏

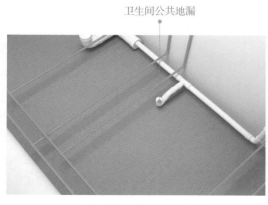

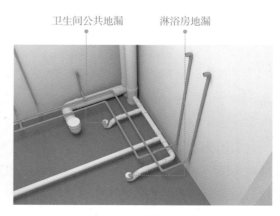

▲地漏排水管布管（一）　　　　　　　▲地漏排水管布管（二）

第 7 章
水管连接

　　水管连接是家装水路施工中的核心环节，主要包括 PPR 给水管的热熔连接以及 PVC 排水管的粘接，其中，PPR 给水管负责室内的给水部分，PVC 排水管负责室内的排水部分。同时，水管连接施工还包括管道的螺纹连接以及卡套连接，前者主要用于金属管材的连接，后者则用于需要卡套的管材连接。在家装施工中，工程量最大的是 PPR 给水管的热熔连接，遍布厨房和卫生间的墙、顶、地面中，是需要重点掌握的内容。

7.1 PPR 给水管热熔连接

7.1.1 直线接头热熔连接

直接接头的热熔连接是将两根 PPR 给水管呈直线地热熔在一起，其操作要点如下所示。

热熔器预热，准备好后将 PPR 管匀速地插入左侧的热熔器模具头中，将直接接头匀速插入右侧热熔器模具头中。插入时要同时进行，不可旋转，不可速度过快

将 PPR 管和直接接头拔出后，快速地将两者连接在一起。连接的过程保持 PPR 管和直接接头的平直，不可旋转，不可速度过快

▲ 直接接头热熔连接（步骤一）

▲ 直接接头热熔连接（步骤二）

7.1.2 90°弯头热熔连接

90°弯头的热熔连接是将两根 PPR 管呈 90°直角热熔在一起，其操作要点如下所示。

准备热熔连接前，调整好 90°弯头的角度，一般以手握住弯头的转弯处便于操作

热熔器预热，然后将 90°弯头插入热熔器模具头凸出部分，PPR 管插入热熔器模具头凹陷部分，匀速向内推进

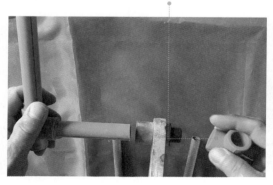

▲ 90°弯头热熔连接（步骤一）

▲ 90°弯头热熔连接（步骤二）

调整 90° 弯头连接 PPR 管的角度。这里有一个小技巧，可将弯头上凸起的线条和 PPR 管的红色线条对准，便于连接

将 90° 弯头插入 PPR 管的过程中，要匀速用力，不可旋转推进

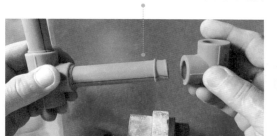
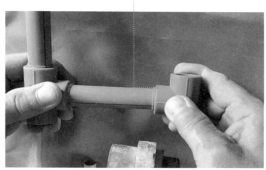

▲ 90°弯头热熔连接（步骤三）

▲ 90°弯头热熔连接（步骤四）

7.1.3 过桥弯头热熔连接（附视频）

　　过桥弯头的热熔连接是将两根无法直接连接的 PPR 管，通过过桥弯头的配件连接到一起，通常弯头面朝上，其操作要点如下所示。

过桥弯头热熔连接

热熔器预热，然后将过桥弯头插入热熔器模具头的凸面，将 PPR 管插入热熔器模具头的凹面，并匀速地将过桥弯头和 PPR 管向内推进，推进至顶端后停留 1~2s，然后迅速地将过桥弯头和 PPR 管拔出

◀过桥弯头热熔连接（步骤一）

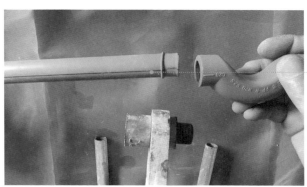

将过桥弯头凸起的细线对准 PPR 管的红色细线

◀过桥弯头热熔连接（步骤二）

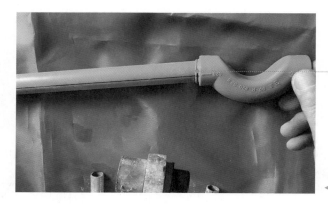

过桥弯头插入 PPR 管的过程中，需匀速推进，不可旋转。连接好后，待热熔处风干后再连接另一头

◀ 过桥弯头热熔连接（步骤三）

7.1.4　三通热熔连接（附视频）

三通的热熔连接是将三根 PPR 管呈直角地热熔在一起，其操作要点如下所示。

三通热熔连接

先连接三通 T 字接头的一端，匀速地将三通和 PPR 管插入热熔器模具头内

◀ 三通热熔连接（步骤一）

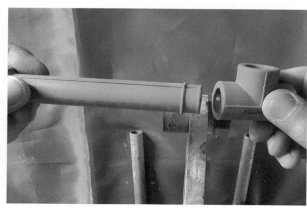

三通的接口对准 PPR 管的一端

◀ 三通热熔连接（步骤二）

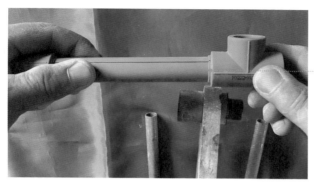

将 PPR 管匀速地插入三通，待风干后再热熔连接另外两个接口

◀ 三通热熔连接（步骤三）

热熔连接三通的垂直接口，也就是第二根 PPR 管。将三通和 PPR 管匀速地插入热熔器模具头内

◀ 三通热熔连接（步骤四）

将三通和 PPR 管从模具头中拔出后，开始三通和 PPR 管的连接，将 PPR 管插入三通中，保持匀速，不可旋转

◀ 三通热熔连接（步骤五）

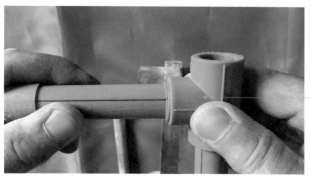

热熔连接完成后，检查连接质量的方法是，看热熔处是否出现胶圈，胶圈的形状越好，说明热熔连接的质量越出色

◀ 三通热熔连接（步骤六）

7.2 PVC 排水管粘接（附视频）

PVC 排水管的粘接需要从画线标记开始，然后切割排水管至需要的长度，再进行排水管的粘接。粘接过程实际是管道与配件的组合，如 PVC 排水管粘接存水弯、三通等。其操作要点如下所示。

测量排水管铺装长度，并用记号笔标记。因为切割机的切割片有一定厚度，所以在管道上做标记时需多预留 2~3 mm，确保切割管道长度的准确性

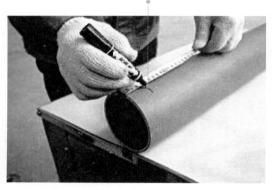

▲ PVC 排水管粘接（步骤一）

将标记好的管道放置在切割机中，标记点对准切片，匀速缓慢地切割管道，切割时确保与管道成 90° 直角。切割后，应迅速将切割机抬起，防止切片过热烫坏管口

▲ PVC 排水管粘接（步骤二）

对于较细的排水管或细节处的排水管切割，可采用锯子锯断。操作过程中，用手握住排水管的一端，另一端排水管抵住地面，然后使用锯子成 90° 垂直将排水管锯断

▲ PVC 排水管粘接（步骤三）

用抹布将切割好的管道擦拭干净，旧管件必须使用清洁剂清洗粘接面

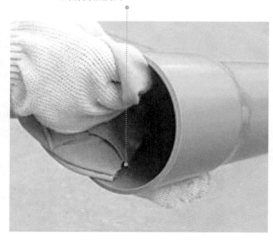

▲ PVC 排水管粘接（步骤四）

在管道待粘接面内侧
均匀地涂抹胶水，涂
抹深度为排水管粘接
的深度

◀ PVC 排水管粘接
（步骤五）

PVC 排水管粘接

在管道待粘接面外侧涂
抹胶水，管道端口长
约 1cm，胶水涂抹需均
匀，厚度应保持一致

◀ PVC 排水管粘接
（步骤六）

将配件轻微旋转着插
入管道，完全插入后，
需要固定 15s，待胶水
晾干后安装到具体的
位置

◀ PVC 排水管粘接
（步骤七）

7.3 管道的螺纹连接

7.3.1 短螺纹连接

短螺纹的连接主要分四步，具体安装步骤如下。

步骤一：预套短螺纹，根据管段测量尺寸，按照要求套制出管段。

步骤二：将带螺纹的管段固定在台虎钳上，螺纹端离台虎钳 100~150mm，并缠好密封填料（涂铅油缠麻丝、缠聚四氟乙烯生料带均可）。

步骤三：用手将阀门旋在带螺纹的管段上，以用手能拧紧 2~3 扣为宜，再用管钳拧紧 3~4 扣螺纹，拧阀门时按顺时针方向拧入。

步骤四：一人首先用管钳夹住已拧紧的阀门的一端，另一人用管钳拧紧管段。前者要保持阀门位置不变，因而用力方向为逆时针，后者按顺时针方向慢慢拧紧管段即可。

▲短螺纹阀门

▲短螺纹连接

7.3.2 长螺纹连接

长螺纹连接是用管道的活连接件替代活接头，具有成本低、省时省工等特点。长螺纹由一头是短螺纹而另一端为长螺纹的管和一个相应规格的螺母组成，这种连接在水龙头的连接处最为常见。其连接方法与短螺纹连接一致，此处不再细说。

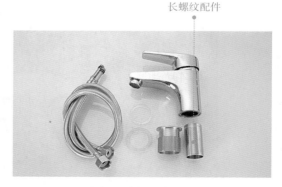
长螺纹配件

▲长螺纹连接（步骤一）

将长螺纹配件与水龙头底部连接，旋转拧紧固定

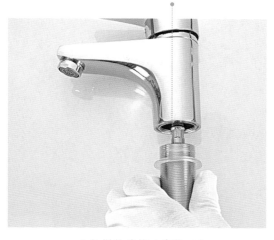

将连接好的长螺纹配件与水龙头安装到洗面盆中

▲长螺纹连接（步骤二）

▲长螺纹连接（步骤三）

7.3.3　活接头连接

活接头由三个单件组成，即公口、母口和套母。公口一头带插嘴与母口承嘴相配，一头带内螺纹与管子外螺纹连接。

母口一头带承嘴与公口插嘴相配，一头带内螺纹与管子外螺纹连接。

套母外表面呈六角形，内表面有内螺纹，内螺纹与母口上的外螺纹配合。

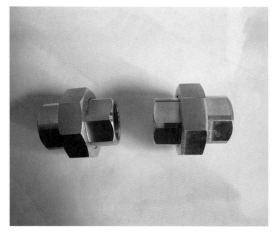

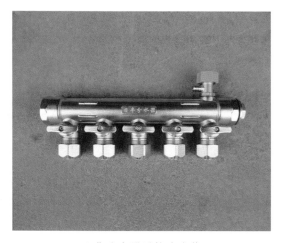

▲活接头配件

▲集分水器活接头安装

7.3.4 锁母连接

锁母连接也是管道连接中的一种活接形式，锁母的形状是一端带内螺纹，另一端有一个与管外径相同的孔，外观是一个六边形。连接时，先从锁母有一小孔的一头把管子穿进，再把管子插入要连接带外螺纹的管件或控制键内，再在连接处充塞填料，最后用扳手将锁母锁紧在连接件上。

▲ 锁母组件及安装示意图

7.4 管道的卡套连接

铝塑管采用卡套连接，由螺母、接头体、密封环和压紧环组成，其安装步骤如下所示。

步骤一：安装前对卡套式接头进行检查和清洗。

步骤二：切割所需尺寸的管子，要求管端平齐、整洁，端面与管子中心线垂直，刮净管口内、外的毛刺。

步骤三：把连接的管子套进螺母和卡套，将管子插入接头体，用扳手拧紧螺母，使压紧环变形，夹紧管子，使管子端面缩小与密封环形成密封。

▲卡套连接剖面图

第 8 章
水路现场施工

　　水路现场施工从定位开始，包括各项用水设备如洗面盆、坐便器、淋浴花洒等的具体位置，然后在墙面中画线标记出来，要求标记出水管的走向。接着开始给管路开槽，要求横平竖直，并尽量减少施工灰尘以及噪声。开槽完毕后，开始热熔连接给水管，一边热熔连接，一边敷设给水管。待给水管敷设完毕后，开始敷设排水管，并将排水管粘接牢固。所有的管路敷设完毕后，对给水管进行打压测试，并及时解决漏水的位置。最后涂刷二次防水，包括厨房的地面、卫生间的墙地面，然后进行闭水试验，并应保证验收合格。

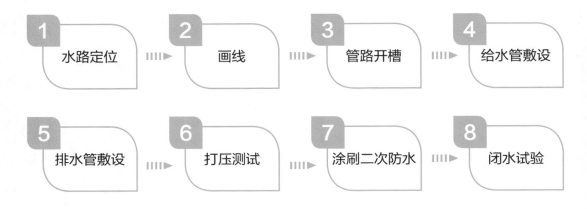

8.1 水路定位

步骤一：对照水路布置图（由设计公司提供）以及相关橱柜水路图（由橱柜公司提供），查看现场实际情况。

▲ 水路布置图

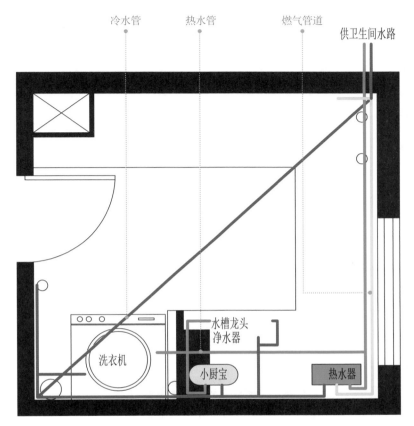

冷水管　　　　热水管　　　　燃气管道　　供卫生间水路

水槽龙头
净水器

洗衣机

小厨宝　　　　热水器

▲ 橱柜水路图

步骤二：查看进户水管的位置，以及厨房、卫生间的下水口数量、位置；查看阳台的排水立管以及下水口的位置。

步骤三：从卫生间或厨房开始定位（离进户水管最近的房间开始）。先定冷水管走向、热水器的位置，再定热水管走向。

步骤四：在墙面标记出用水洁具、厨具的位置，包括热水器、淋浴花洒、坐便器、浴缸、小便器以及水槽、洗衣机等。

步骤五：根据水电布置图，确定卫生间、厨房改造地漏的数量，以及将要改动到的位置；确定坐便器、洗手盆、水槽、拖把池以及洗衣机的排水管位置。

步骤六：估算出所用水管的数量、水管零部件的个数，提供给业主，通知材料进场。

小贴士	用水洁具、厨具的定位图示与位置	
名称 / 冷热水端口	定位图示	位置 / mm
电热水器	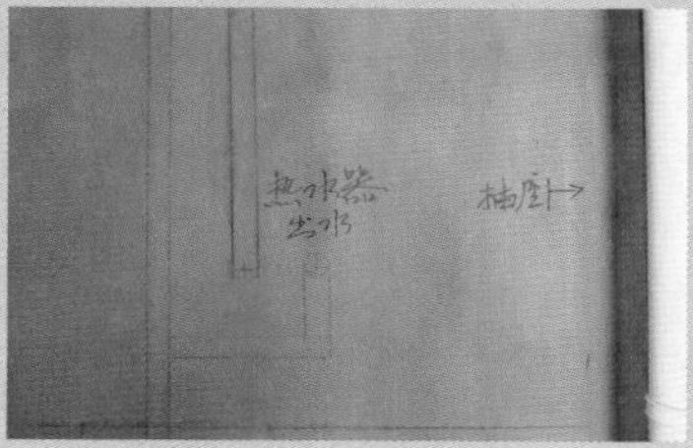	离地 1700~1900
燃气热水器	—	离地 1300~1400
淋浴花洒	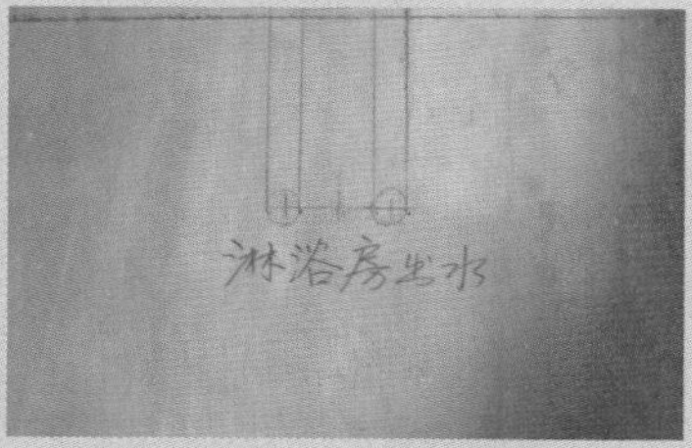	离地 1000~1100
坐便器		离地 250~350
蹲便器	—	离地 1000~1100
小便器	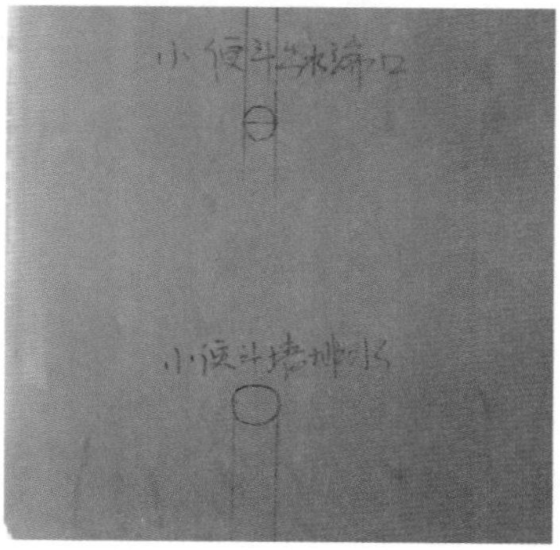	离地 600~700

续表

名称 / 冷热水端口	定位图示	位置 / mm
浴缸		离地 750
按摩式浴缸	—	离地 150~300
水槽	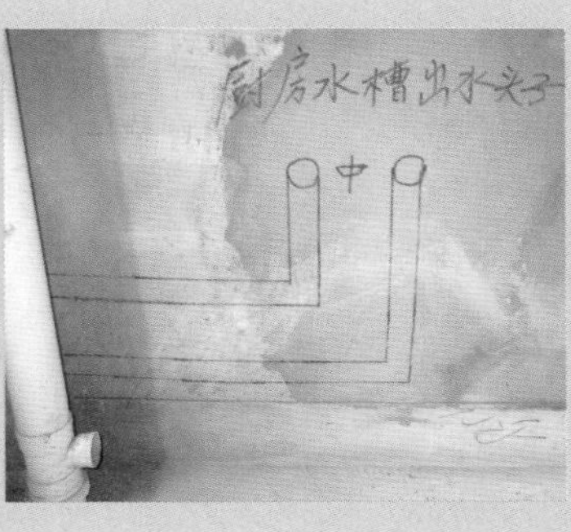	离地 500~550
洗手盆	—	离地 500~950
洗衣机	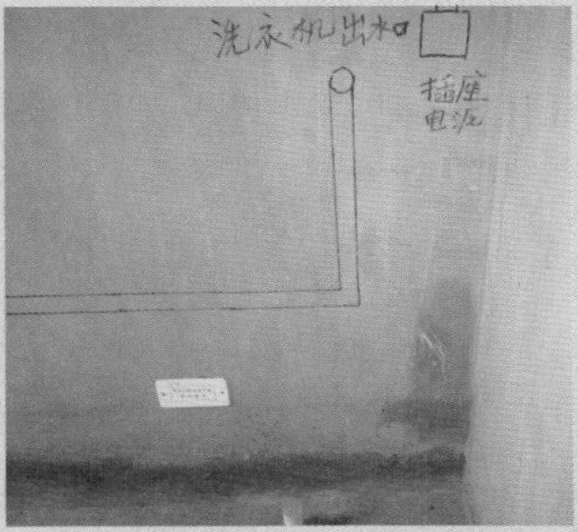	离地 850~1100
拖把池	—	离地 650~750

8.2 画线

步骤一：先弹水平线。将水平仪调试好，根据红外线用卷尺在两头定点，一般离地1000mm。再按这个点向其他方向的墙上标记点，最后按标记的点弹线。

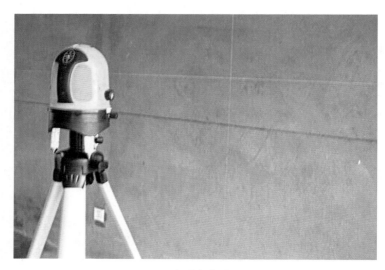

▲水平仪找平

步骤二：根据进户水管、水管出水端口的定位位置，计划水管的走向。根据不同的情况，设计为地面走水管与墙面走水管两种。

步骤三：墙面水管弹线画双线，冷热水管画线需分开，彼此之间的距离保持200mm以上、300mm以下。

步骤四：顶面水管弹线画单线，标记出水管的走向。顶面水管不涉及开槽的问题，因此画单线。

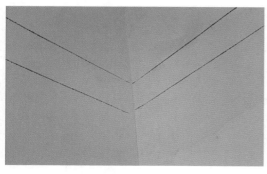

▲阴角处弹线

▲顶面弹线

步骤五：地面水管弹线画双线，线的宽度根据排布的水管数量决定。通常，一根水管的画线宽度保持在 40mm 左右，以此类推。

弹线技巧

① 弹长线的方法。先用水平仪标记水平线，然后在需要画线的两端，用粉笔标记出明显的标记点，再根据标记点使用墨斗弹线。

② 弹短线的方法。用水平尺找好水平线，一边移动水平尺，一边用记号笔或墨斗在墙面中弹线。

▲墨斗线与墙面需保持 90° 直角

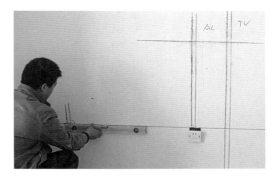

▲水平尺弹线

8.3 管路开槽（附视频）

步骤一：掌握开槽深度。水管开槽的宽度是 40mm，深度保持在 20~25mm 之间。冷热水管之间的距离要大于 200mm，不能垂直相交，不能铺设在电线管道的上面。

步骤二：墙面开槽。多竖着开少横着开，若万不得已需横着开时，开槽宽度不能大于 30mm。若遇到防水重要部分，要注意开裂处的防水处理。

▲墙面开槽

步骤三：使用开槽机开槽，要从左向右走，从上向下走。开槽的过程中，需要不断向开槽处喷水，防止刀具过热，同时也可减少灰尘。

步骤四：对于一些特殊位置、宽度的开槽，需要使用冲击钻。使用过程中，冲击钻不可用力过猛。

▲冲击钻开槽

▲开槽机开槽

▲冲击钻开槽

8.4　给水管敷设（附视频）

步骤一：敷设顶面给水管。

先安装给水管吊卡件，每组吊卡件间距 400～600mm，然后再敷设给水管

给水管与吊顶间距离保持在 80~100mm 之间，并且与墙面保持平行

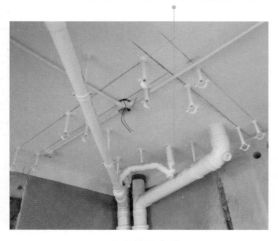

▲安装吊卡件

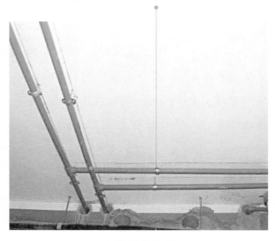

▲安装给水管

步骤二：敷设墙面给水管。

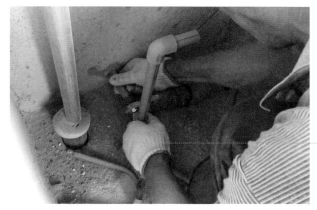

使用两个90°弯头将入户水管的位置提高，以便于后续的水管连接

◀连接进户水管

在入户水管的位置安装总阀门，起到安全保护的作用。当室内发生漏水情况时，关闭此处的总阀门可防止危险进一步扩大

◀安装总阀门

当墙面中的水管需要交叉连接时，增加过桥弯头和三通，并将过桥弯头安装在三通的下面，避免凸出墙面

◀敷设墙面水管

热水器冷、热水端头连接

热水器进水端口使用承口内螺纹弯头和三通连接，端口以上的位置不影响连接水管

◀安装热水器进水端口

洗手盆冷、热水端头连接

洗手盆冷、热水端口使用承口内螺纹弯头连接，两个端口之间保持 150~200mm 左右的间距

◀安装洗手盆冷、热水端口

使用三通连接支路水管，并采用一次性热熔连接到位的方式，使其嵌入在墙面凹槽中

◀连接支路水管

淋浴冷、热水端头连接

淋浴冷、热水端口使用双联内丝弯头连接，连接好之后安装软管使冷、热水管形成闭合的管路

◀安装淋浴软管

步骤三：敷设地面给水管。

当水管的长度超过6000mm时，需采用
U字形施工工艺。U字管的长度不得低于
150mm，不得高于400mm

地面管路发生交叉时，次管路必须安装过桥弯头
并在主管道的下面，使整体管道分布保持在同一
水平线上

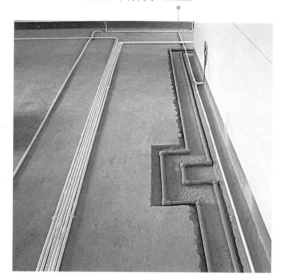

▲U字形敷设

▲十字交叉敷设

8.5　排水管敷设（附视频）

步骤一：敷设坐便器排污管。

坐便器排污管距离讲解

改变坐便器排污管位置最好
的方案是与楼下业主协商，
从楼下的主管道修改

◀修改排污管位置

坐便器改墙排水时，需在地面、墙面开槽，将排水管全部预埋进去，并保持轻微的坡度

下沉式卫生间，坐便器排水管的安装，需具有轻微的坡度，并用管夹固定

▲坐便器设计为墙排

▲下沉式卫生间敷设排污管

步骤二：敷设洗手盆、水槽排水管。

水槽排水需靠近排水立管安装，并预留存水弯

墙排式洗手盆，排水管高度需安装在 400~500mm 之间

▲水槽排水管

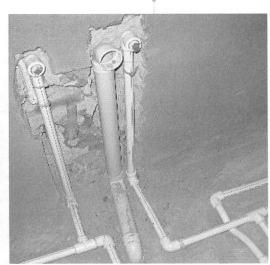

▲洗手盆墙排水

普通洗手盆的排水管，安装
位置离墙边 50~100mm

◀洗手盆地排水

步骤三：敷设洗衣机、拖把池排水管。

洗衣机排水管不可紧贴墙面，需预留出 50mm 以上的宽度。洗衣机旁边需预留地漏下水，以防止阳台积水

拖把池下水不需要预留存水弯，通常安装在靠近排水立管的位置

▲洗衣机排水管

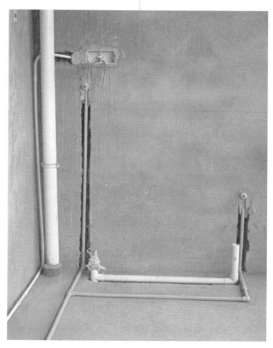

▲拖把池排水管

步骤四：敷设地漏排水管。

所有地漏的排水管粗细需保持一致，并采用统一尺寸的地漏排水管

◀地漏排水管

8.6 打压测试（附视频）

水管打压测试

步骤一：关闭进水总阀门，封堵所有出水端口。

▲安装堵头

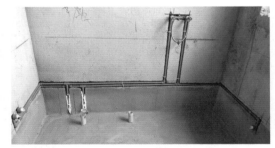

▲封堵出水端口

步骤二：用软管将冷热水管连接起来，形成一个圈。

步骤三：连接打压泵，将打压泵注满水，调整压力指针在0上。

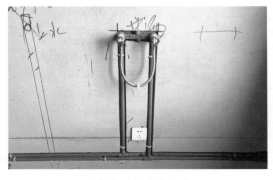

▲软管连接冷热水管

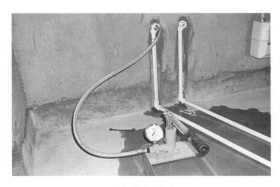

▲连接打压泵

步骤四：开始测压，摇动压杆使压力表指针指向 0.9~1.0 左右（此刻压力是正常水压的三倍）保持这个压力一定的时间。不同的管材的测压时间不同，一般在 30min~4h 之内。

步骤五：测压期间逐个检查堵头、内丝接头，看是否渗水。打压泵在规定的时间内，压力表指针没有丝毫的下降，或下降幅度保持在 10% 左右，说明测压成功。

▲ 水管测压

8.7　涂刷二次防水（附视频）

步骤一：根据卫生间的长宽尺寸裁剪丙纶防水布，然后预铺设到卫生间中，检查裁剪尺寸是否合理。合格后，将丙纶防水布收起来，准备下一步。

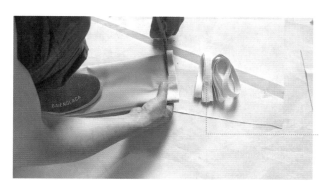

丙纶防水布裁剪技巧

裁剪下来的边角余料先不要丢弃，在后续的铺设丙纶防水布时会用到

◀ 裁剪丙纶防水布

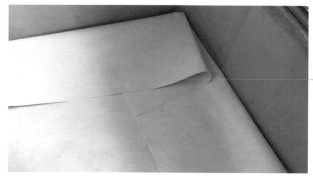

丙纶防水布铺设到边角位置，预留出 300~400mm 的长度，叠放整齐，准备铺设到墙面中

◀ 预铺设丙纶防水布

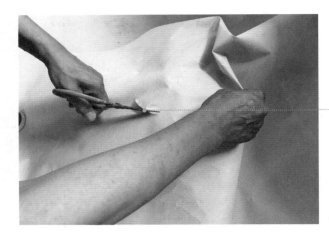

丙纶防水布在铺设的过程中，遇到下水管道的位置，用剪刀剪出豁口，套进管道中

◀丙纶防水布裁剪豁口

步骤二：搅拌防水涂料。先将液料倒进容器中，再将粉料慢慢加入，使用搅拌器充分搅拌 3~5min 至形成无生粉团和颗粒的均匀浆料即可。

搅拌防水涂料

防水涂料不要一次性全部加入，在搅拌器搅拌的过程中逐步加入，可使防水涂料搅拌得更加均匀

◀搅拌防水涂料

◀搅拌均匀的防水涂料

步骤三：在卫生间的地面中洒水，阴湿地面，墙面高300mm左右的位置也需要洒水阴湿，然后将搅拌好的防水涂料倒在地面上，涂抹均匀。

涂刷第一遍防水涂料

将防水涂料均匀涂抹在地面中，并保持2~3mm的厚度

◀涂抹防水涂料

步骤四：将预先准备好的丙纶防水布按照顺序铺设到卫生间中，并用防水涂料将丙纶防水布粘贴好。

铺贴丙纶防水布

在铺设丙纶防水布的过程中，将底部的气泡排干净，使之与防水涂料均匀接触

◀铺贴丙纶防水布

墙边的丙纶防水布在铺贴前，需均匀涂抹防水涂料，起到黏合剂的作用，然后再铺贴到墙面中

◀铺贴墙面丙纶防水布

步骤五：待丙纶防水布全部铺贴之后，在布料的表面再次填充防水涂料，形成一层防水涂料、一层丙纶防水布、一层防水涂料的三层防护效果。

◀再次填充防水涂料

填充的防水涂料需要刮平，使凹凸不平的表面平整。平整后的防水涂料有明亮的反光层

◀将防水涂料涂抹均匀

◀晾干后的效果

8.8 闭水试验（附视频）

涂刷二次防水施工完成后，过24h开始做闭水试验，其施工步骤如下所示。

步骤一：封堵地漏、面盆、坐便器等排水管管口。

闭水试验

封堵管口可采用胶带粘贴，
也可采用专业的地漏盖封堵

◀封堵排水管管口

步骤二：封堵卫生间门口，制作挡水条。

门口位置的丙纶防水布裁剪卷
曲在一起，作为挡水条使用

◀丙纶防水布挡水条

红砖砌筑的挡水条一样可起
到良好的效果，但施工麻烦

◀红砖挡水条

步骤三：开始蓄水，深度保持在 5~20cm，并做好水位标记。

使用卫生间内的软管向里面蓄水，不可超过挡水条的高度，以防止水漫出到其他空间

◀卫生间蓄水

步骤四：闭水试验时间需保持 24~48h，这是保证卫生间防水工程质量的关键。

步骤五：第一天闭水试验后，检查墙体与地面。

观察墙体，看水位线是否有明显下降，仔细检查四周墙面和地面有无渗漏现象

◀检查水位变化

步骤六：第二天闭水试验完毕，全面检查楼下天花板和屋顶管道周边。

联系楼下业主，从楼下观察是否有水渗出。如管道周围的顶面渗水则说明防水失败

◀检查楼下是否渗水

第9章
水暖施工

　　水暖施工包括地暖施工和散热片施工两部分，地暖施工在水路施工完成后进行，通常在卫生间闭水试验成功后开始铺设地暖。地暖施工相较于水路施工，其覆盖面积更大，遍布室内的每一处空间，包括客餐厅、卧室、书房、厨房、卫生间以及阳台等空间；散热片施工则主要集中在局部区域，通常紧贴一侧墙面，安装在没有遮挡物的地方，以便更好地散热，为室内提供热量。在目前的装修市场中，地暖的应用普及度较大。

9.1 地暖施工（附视频）

9.1.1 分集水器组装

地暖铺设施工

步骤一：将分集水器的配件摆放在一起，然后将两根主管平行摆放，并用螺丝拧紧在固定支架上。

步骤二：在分集水器的活接头上依次缠绕草绳和防水胶带，每种缠绕至少在5圈以上，然后将活接头与主管连接拧紧。

▲分集水器组件

▲组装分集水器

▲缠绕草绳

▲缠绕防水胶带

▲组装完成

9.1.2 保温板铺设

步骤一：边角保温板沿墙粘贴专用乳胶，要求粘贴平整、搭接严密。

步骤二：底层保温板缝处要用胶粘贴牢固，上面需铺设铝箔纸或粘一层带坐标分格线的复合镀铝聚酯膜，铺设要平整。

▲铺设底层保温板

9.1.3 反射铝箔层、钢丝网铺设

步骤一：先铺设铝箔层，在搭设处用胶带粘住。铝箔纸的铺设要平整、无褶皱，不可有翘边等情况。

步骤二：在铝箔纸上铺设一层 $\phi 2$ 的钢丝网，间距为 100mm×100mm，规格为 2m×1m，铺设要严整严密，钢网间用扎带捆扎，不平或翘曲的部位用钢钉固定在楼板上。

▲铺设铝箔层

步骤三：设计防水层的房间如卫生间、厨房等固定钢丝网时不允许打钉，管材或钢网翘曲时应采取措施，防止管材露出混凝土表面。

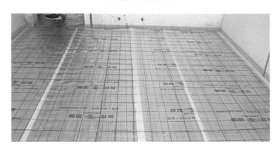

▲铺设钢丝网

9.1.4 地暖管铺装

步骤一：地暖管要用管夹固定在苯板上，固定点间距不大于 500mm（按管长方向），大于 90° 的弯曲管段的两端和中点均应固定。

步骤二：地暖安装工程的施工长度超过 6m 时一定要留伸缩缝，防止在使用时由于热胀冷缩而导致地暖龟裂，从而影响供暖效果。

▲铺装地暖管

小贴士	常见的地暖管布管方法	
	布管方法	特 点
螺旋形布管法		产生的温度通常比较均匀，并可通过调整管间距来满足局部区域的特殊要求，此方式布管时管路只弯曲90°，材料所受弯曲应力较小。
迂回型布管法		产生的温度通常一端高一端低，布管时管路需要弯曲180°，材料所受应力较大，适合在较狭的小空间内采用。
混合型布管法		混合布管通常以螺旋型布管方式为主，迂回型布管方式为辅。

9.1.5 压力测试

步骤一：检查加热管有无损伤、间距是否符合设计要求后，进行水压试验。

步骤二：试验压力为工作压力的 1.5~2 倍，但不小于 0.6MPa，稳压 1h 内压力降不大于 0.05MPa，且不渗不漏者为合格。

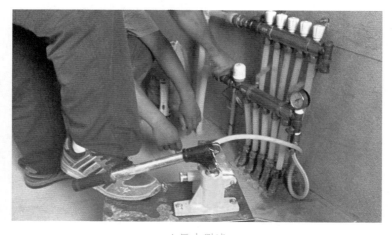

▲压力测试

9.1.6 浇筑填充层

步骤一： 地暖管验收合格后，回填水泥砂浆层，加热管保持不小于 0.4MPa 的压力。

步骤二： 将回填的水泥砂浆层用人工抹压密实，不得用机械振捣，不许踩压已铺设好的管道。

步骤三： 水泥砂浆填充层风干，达到养护期后，再对地暖管泄压。

▲ 回填水泥砂浆层

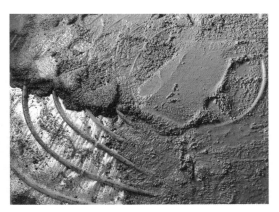

▲ 人工抹压密实

9.2 散热片施工

9.2.1 散热片用量计算

计算散热片用量有两个要点，一是了解厂家生产的散热片的散热量；二是了解房屋每平方米所需的热量。关于第一个要点，在散热片出厂的时候，会标注散热片的散热量，单位是"W"。需要注意，散热片厂家的计量单位有片、柱、组等几种，计算时需看清单位。

关于第二个要点，不同的朝向、层高、结构、保温情况等都会影响散热片供热所需热量，房屋每平方米所需的热量在 80~120W 之间。应根据房屋朝向、层高、结构、保温情况等来选择热量值。

下面举例说明散热片的计算方法。假设房屋面积为 40m²，一片散热片的散热量为237W，其计算公式如下。

40（房屋面积）×80（每平方米所需热量）/ 237（一片散热片的热量）×120%（暖气片修正值）约等于 11.25，取 11 片（散热片用量）

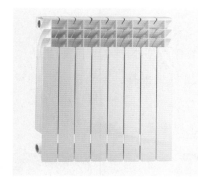

▲常见的散热片样式

9.2.2 散热片的安装位置

① 客厅和卧室的散热片最好安装在窗台前面，这样既能保持室内温度的均衡，又能将从窗户缝里钻进来的空气加热。如果在散热器附近放置沙发、桌子之类的家具，则将会影响散热片的散热效果。

② 书房中散热片的安装位置通常为套装门后的墙面、窗户前面或者书桌底下的墙面中。

③ 厨房中散热片的安装位置需要比较多，首先要确定橱柜方位，依据橱柜方位

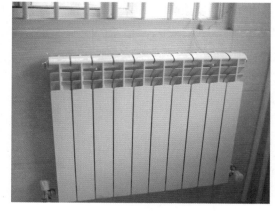

▲散热片安装在窗户下面

再确定散热片的安装位置，这样即不会影响厨房的使用又兼具美观。

④ 卫生间散热片的安装位置应挑选距离淋浴房近的位置，这样洗澡时会更温暖。

9.2.3 散热片组对

步骤一：组对前，应根据散热片型号、规格及安装方式进行检查核对，并确定单组散热片的中片和足片的数目。

步骤二：用钢丝刷除净对口及内螺纹处的铁锈，并将散热片内部的污物倒净，右旋螺纹（正螺纹）朝上，按顺序涂刷防锈漆和银粉漆各一遍，并依次码放（其螺纹部分和连接用的对丝也应除锈并涂上润滑油）。散热片每片上的各个密封面应用细纱布或断锯

条打磨干净，直至露出全部金属本色。

步骤三：组对用石棉橡胶垫片时，应用润滑油随用随涂。

步骤四：按统计表的片数及组数，选定合格的螺纹堵头、对丝、补心，试扣后进行组装。

步骤五：柱形散热片组对一般按14片以内用两个带足片（即两片带腿），15~24片用3个带足片，25片以上用4个带足片，且均匀安装。

步骤六：组对时，按两人一组开始进行。将第一片散热片足片（或中片）平放在专业组装台上，使接口的正丝口（正螺纹）向上，以便于加力。拧上试扣的对丝1~2扣，试其松紧度。套上石棉橡胶垫，然后将另一片散热片的反丝口（反螺纹）朝下，对准后轻轻落在对丝上，注意散热片的顶部对顶部，底部对底部，不可交叉对错。

步骤七：插入钥匙，用手拧动钥匙开始组对。先轻轻按加力的反方向扭动钥匙，当听到有入扣的响声时，表示右旋、左旋两方向的对丝均已入扣。然后，换成加力的方向继续拧动钥匙，使接口右旋和左旋方向的对丝同时旋入螺纹锁紧［注意同时用钥匙向顺时针（右旋）方向交替地拧紧上下的对丝］，直至用手拧不动后，再使用力杠加力，直到垫片压紧挤出油为止。

步骤八：按照上述方法逐片组对，达到需要的数量为止。

步骤九：放倒散热片，再根据进水和出水的方向，为散热片装上补心和堵头。

步骤十：将组对好的散热片运至打压地点。

9.2.4 散热片安装固定

步骤一：先检查固定卡或托架的规格、数量和位置是否符合要求。

步骤二：参照散热片外形尺寸图纸及施工规范，用散热片托钩定位画线尺、线坠，按要求的托钩数分别定出上下各托钩的位置，放线、定位做出标记。

步骤三：托钩位置定好后，用錾子或冲击钻在墙上按画出的位置打孔。要求固定卡孔洞的深度不小于80mm，托钩孔洞的深度不小于120mm，现浇混凝土墙的孔洞

▲ 安装散热片

深度不小于100mm。

步骤四：用水冲洗孔洞，在托钩或固定卡的位置上定点挂上水平挂线，栽牢固定卡或托钩，使钩子中心线对准水平线，经量尺校对标高准确无误后，用水泥砂浆抹平压实。

步骤五：散热片落地安装。将带足片的散热片抬到安装位置，稳装就位，用水平尺找正找直。检查散热片的足片是否与地面接触平稳。散热片的右螺纹一侧朝立管方向，在散热片固定配件上拧紧。

步骤六：散热片托架安装。如果散热片安装在墙上，应先预制托架，待安装托架后，将散热片轻轻抬起落坐在托架上，用水平尺找平、找正、垫稳，然后拧紧固定卡。

9.2.5 散热片单组水压测试

步骤一：将组好对的散热片放置稳妥，用管钳安装好临时堵头和补心，安装一个放气阀，连接好试压泵和临时管路。

步骤二：试压时先打开进水截止阀向散热片内充水，同时打开放气阀，将散热片内的空气排净，待灌满水后，关上放气阀。

步骤三：散热片水压试验压力如果设计无要求，则应为工作压力的1.5倍，且不小于0.6MPa。试验时应关闭进水阀门，将压力打至规定值，恒压2~3min，压力没有下降且不渗不漏者即为合格。

第 10 章
消防系统施工

消防系统是保障室内消防安全的施工项目，在具体的施工中主要分四部分，第一部分是消火栓的安装，第二部分是消火栓管道的安装，第三部分是自动喷洒消防系统的安装，起到紧急灭火的作用，第四部分是室外消火栓系统的安装。通过以上四部分的学习，可全面掌握消防系统的安装步骤、要求以及要点。

10.1　室内消火栓的安装

10.1.1　消火栓给水系统的组成

消火栓给水系统由水枪、水带、消火栓、消防卷盘、消防管网、消防水池、高位水箱、水泵接合器以及增压水泵等组成。

（1）消火栓设备

消火栓设备由消防龙头、水带、水枪组成，以上设备均应安装在消火栓箱内。

1）水枪

水枪为锥形喷嘴，喷嘴口径有13mm、16mm、19mm三种。水枪的常用材料为不锈蚀的材料，如铜、铝合金以及塑料等。底层建筑内的消火栓可以选用13mm或16mm口径的水枪，高层建筑消火栓可选用19mm口径的水枪。

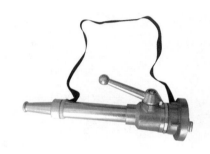

▲水枪

2）水带

水带是引水的软管，常用麻线或者化纤材料制成，可衬橡胶里，口径有50mm和65mm两种，长度有15m、20m、25m、30m四种。水带需配合水枪的口径使用，如口径为13mm的水枪配备直径为50mm的水带，口径为16mm的水枪配备直径为50mm或65mm的水带，口径为19mm的水枪配备直径为65mm的水带。

▲水带

3）消防龙头

消防龙头为控制水流的球形阀式龙头，常为铜制品，分为单出口龙头及双出口龙头。单出口龙头的直径有50mm和65mm两种，双出口龙头的直径为65mm。

▲消防龙头

（2）消防卷盘

消防卷盘由阀门、软管、卷盘、喷枪等组成，并能在展开卷盘的过程中喷水灭火的灭火设备。消防卷盘常设置在走道、楼梯口附近明显易于取用的地点，可单独设置，也可与消火栓设置在一起。

▲ 消防卷盘

（3）水泵接合器

水泵接合器是用消防车从室外水源取水，向室内管网供水的接口。其作用是当室内管网供水不足时，可通过接合器用消防车加压供水给室内管网，补充消防供水的不足。水泵接合器可分为地上式、地下式、墙壁式三种，常设置在消防车易于接近、便于使用、不妨碍交通的地方。

▲ 地上式水泵接合器　　▲ 地下式水泵接合器　　▲ 墙壁式水泵接合器

（4）消防管道

建筑物内消防管道的设置是否要和其他给水系统合并，需根据建筑物的性质和进行技术经济比较后再确定。单独设置的消防系统给水管道常采用非镀锌钢管或给水铸铁管。若生活、生产给水系统合用时，常采用镀锌钢管或者给水铸铁管。

（5）消防水箱

消防水箱按照使用情况可分为专用消防水箱，生活、消防共用水箱及生活、生产、消防共用水箱。低层建筑室内的消防水箱（包括水塔、气压水罐）是储存补救初期火灾消防用水的储水设备，提供补救初期火灾的水量。水箱的安装应设置在建筑物的最高处，且应为重力自流式水箱。室内消防水箱应储存 10min 的消防用水量。

▲ 消防水箱

10.1.2 消火栓系统的给水方式

根据建筑物的高度、室外给水管网的水压和流量以及室内消防管道对水压和水量的要求，室内消火栓灭火系统有以下几种给水方式。

（1）无加压泵和水箱的室内消火栓给水系统

室外给水管网的压力和流量满足室内最不利点消火栓的设计水压和水量时，应采用无加压泵和水箱的室内消火栓给水系统。

（2）设有水箱的室内消火栓给水系统

水压变化较大的城市或居住区，应采用设有水箱的室内消火栓给水系统。当生活、生产用水量达到最大时，室外管网无法保证室内最不利点消火栓的压力和流量，则由水箱出水满足消防需求；而当生活、生产用水量较小时，而室外管网压力又较大，则可向高位水箱补水。这种方式的管网应独立设置，水箱可和生活、生产合用，但必须保证储存 10min 的消防用水量不被利用，同时还应设水泵接合器。

（3）设有消防泵和水箱的室内消火栓给水系统

室外管网的压力和流量经常无法满足室内消防给水系统所需的水量和水压时，应采用设有消防泵和水箱的室内消火栓给水系统。消防用水和生活、生产用水合并的室内消火栓给水系统中，其消防泵要能保证供应生活、生产、消防用水的最大秒流量，且应满足室内管网最不利点消火栓的水压。水箱需储存 10min 的消防用水量。

（4）不区分室内消火栓给水系统

建筑高度大于 24m 但不超过 50m，室内消火栓栓口处静水压力超过 0.8MPa 的工业和民用建筑，其室内的消火栓灭火系统仍可以通过消防车的水泵接合器向室内管网供水，以加强室内消防给水系统工作，系统可以采用不分区的消防栓灭火系统。

（5）区分室内消火栓给水系统

建筑高度超过 50m 或室内消火栓栓口处、静压大于 0.8MPa 时，消防车已很难协助灭火，室内消防给水系统应具有扑灭建筑物内大火的能力。为加强供水安全和保证火场供水，应采用区分室内消火栓给水系统。

10.1.3 箱式消火栓安装

① 消火栓常安装在消防箱内，有时也安装在消防箱外面。消火栓安装高度为栓口中心距地面 1.2m，允许偏差为 20mm；栓口出水方向朝外，与设置消防箱的墙面相互垂直或成 45° 角。

② 在一般建筑物内，消火栓及消防给水管道均应采用明装。室内消防给水立管从下到上为同一种规格，安装时只需注意消火栓箱及其附件的安装位置以及与管道间的相互关系。消防立管的底部

▲箱式消火栓标准安装高度

距地面 500mm 处需设置球形阀，阀门常处于全开启状态，阀门上应有明显的启动标志。

③ 消火栓应安装在建筑物内明显处且便于取用的地方。在多层建筑物内，消火栓布置在耐火楼梯间内；在公共建筑物内，消火栓布置在每层楼梯处、走廊或大厅的出入口处；生产厂房内的消火栓则布置在人员经常出入的地方。

④ 消火栓一般安装在砖墙上，分明装、暗装及半明装三种形式。

a. 若采用暗装或半明装时，应在砌砖墙时预留好消火栓箱洞口。当消火箱就位安装时，应当根据高度和位置尺寸找正、找平，使箱边沿与抹灰墙保持水平，再用水泥砂浆塞满箱四周空间，将箱稳固。

b. 若采用明装，应事先在砖墙上固定好螺钉，再按螺钉的位置在箱背面钻孔，将箱子就位，最后加垫带螺母拧紧固定。

c. 无论明装或暗装的消防栓箱，其箱底距地面高都是 1.08m，消火栓栓口中心距地面 1.2m。栓口向外，消火栓阀门中心距箱侧面 140mm，距箱后内表面 100mm。阀门安装前应检查其严密性。

⑤ 水龙带与消火栓及水枪接头连接时，应采用 16 号钢线绕 2~3 组，每组不宜少于 2~3 圈，绑好后，将水龙带及水枪挂在箱内支架上。

⑥ 安装室内消火栓时，须取出箱内的水龙带、水枪等全部配件。箱体安装好后再进行复原。进水管的公称直径不宜小于 50mm，消火栓应安装平整牢固。

▲安装在楼梯间、走廊的消防栓

▲箱体固定

10.2 消火栓管道的安装

（1）安装准备

① 认真熟悉图纸，根据施工方案、技术、安全交底的具体措施选用材料、测量尺寸、绘制草图、预制加工。

② 核对有关专业图纸，查看各种管道的标高、坐标是否有交叉或是排列位置不当的情况，及时与设计人员研究解决，办理洽商手续。

③ 检查预埋件和预留洞是否准确。

④ 检查管材、管件、阀门、设备及组件是否符合设计要求和质量标准。

⑤ 合理安排施工顺序，避免工种交叉作业干扰，从而影响施工。

（2）干管安装

① 喷洒管道应使用镀锌管件，干管直径在 100mm 以上，无镀锌管件时可采用焊接法兰连接，试完压后做好标记，拆下来加工镀锌。需要镀锌加工的管道宜选用碳素钢管或无缝钢管，在镀锌加工前不得刷油和污染管道。需拆装镀锌的管道应先安排施工。

② 喷洒干管用法兰连接，每根配管长度不应超过 6m，直管段可把几根连接在一起，使用倒链安装，但不可过长。也可

▲ 消防栓干管安装

调直后编号依次吊装，吊装时，应先吊起管道的一端，待稳定后再吊起另一端。

③ 管道连接紧固法兰时，应检查法兰端面是否干净，采用 3~5mm 的橡胶垫片，法兰螺栓的规格应符合规定。紧固螺栓应先紧固最不利点，再依次对称紧固。法兰接口应安装在易拆装的位置。

④ 消火栓系统干管安装宜根据设计要求使用管材，按照压力要求选用碳素钢管或无缝钢管。

a. 管道在焊接前应清除接口处的浮锈、污垢和油脂。

b. 当壁厚 ≤ 4mm、直径 ≤ 50mm 时采用气焊；壁厚 ≥ 4.5mm、直径 ≥ 70mm

时采用电焊。

c. 不同管径的管道焊接，连接时若两管径相差不超过小管径的 15%，则可将大管端部缩口与小管对焊；若两管相差超过小管径的 15%，应加工异径短管焊接。

d. 管道对口焊缝上不可开口焊接支管，焊口不可安装在支吊架位置上。

e. 管道穿墙处不允许有接口（丝接或焊接），管道穿过伸缩缝处应有防冻措施。

f. 碳素钢管开口焊接时应错开焊缝，并使焊缝朝向易观察和维修的方向上。

g. 管道焊接时先点焊三点以上，等检查预留口位置、方向、变径等无误后，再找直、找正，再焊接，最后紧固卡件、拆掉临时固定件。

（3）立管安装

① 立管暗装在竖井内时，应在管井内预埋铁件上安装卡件固定，立管底部支吊架要牢固，以防立管下坠。

② 立管明装时，每层楼板要预留孔洞，立管可随结构穿入，以减少立管接口。

（4）消防喷洒分层干支管安装

① 管道的分支预留口在吊装前就应先预制好，丝接的用三通定位预留口，焊接的可在干管上开口焊上熟铁管箍调直后吊装。所有预留口均应加好临时堵头。

② 走廊吊顶内的管道安装与通风道的位置要协调好。

③ 喷洒管道不同管径连接不应采用补心连接，应用异径管箍；弯头上不可用补心，宜采用异径弯头；三通上最多用一个补心，四通上最多两个补心。

④ 向上喷的喷洒头有条件的可和分支干管顺序安装好。其他管道安装完成后，不易操作的位置也应先安装好向上喷的喷洒头。

▲ 消火栓立管安装

（5）消防栓及支管安装

① 消火栓箱体应符合设计要求，其材质有木、铁和铝合金等；栓阀有单出口和双出口等。产品要有消防部门的制造许可证及合格证方可使用。

② 消火栓支管应以栓阀的坐标、标高定位甩口，审核后再稳固消火栓箱，箱体找正稳固后再将栓阀安装好，栓阀侧装在箱内时宜在箱门开启的一侧，箱门开启应灵活。

③ 消火栓箱体安装在轻质隔墙上时，要有加固措施。

▲ 消防栓及支管安装

（6）消防管道试压

消防管道试压可分层分段进行。上水时最高点应有排气装置，高低点各装一块压力表，上满水后检查管路有无渗漏；升压后再出现渗漏时需做好标记，卸压后再行处理，必要时也可泄水处理。冬季试压的环境温度不得低于5℃；夏季试压最好不要直接用外线上水，防止结露。试压合格后应及时办理验收手续。

10.3 室内自动喷洒消防系统的安装

10.3.1 自动喷洒消防系统

（1）闭式自动喷水灭火系统

闭式自动喷水灭火系统利用控制设备（如低熔点合金）堵住喷头的出口，当控制设备作用时开始灭火。闭式自动喷水灭火系统有以下几种类型。

① 湿式自动喷水灭火系统。湿式自动喷水灭火系统主要由闭式喷头、湿式报警阀、报警装置、管网及水源等组成。

② 干式自动喷水灭火系统。该系统的特点是：平时充有压缩空气，只在报警阀前的管道中充满有压力的水。发生火灾时，闭式喷头打开，先喷出压缩空气，管道内气压降低，压力差达到一定值时，报警阀打开，水流入管道中从喷头喷出。同时，水流到达压

力开关使报警装置发出火警信号。在大型系统中，还可以设置快开器，以加快打开报警阀的速度。这种系统由于报警阀后的管道中无水而不怕冻，适合在温度低于 4℃ 或高于 70℃ 的建筑物中使用。

③ 干湿式喷水灭火系统。干湿式喷水灭火系统适合在采暖期小于 240d 的建筑物内使用。冬季管道中充满有压气体，而在非采暖季改为充水，其喷头需向上安装。

④ 预作用自动喷水灭火系统。预作用自动喷水灭火系统的管网中平时不充水，而是充有压或无压气体，发生火灾时，火灾探测器接到信号后自动启动预作用阀向管道中供水。这种系统适合在平时不允许有任何水渍损失的重要场所或干式喷水灭火系统适用的建筑物内使用。

（2）闭式自动喷水灭火系统中的设备

闭式自动喷水灭火系统中的设备包括喷头、湿式报警阀、水流指示器、水力警铃以及延迟器等。

① 喷头。闭式喷头由喷水口、控制器、布水盘三部分组成，主要有玻璃球喷头和易熔元件喷头两种。

▲玻璃球喷头

▲易熔元件喷头

闭式喷头的公称动作温度如下表所示。

玻璃球喷头		易熔元件喷头	
公称动作温度 /℃	工作液色标	公称动作温度 /℃	轭臂色标
57	橙色	55～77	本色
68	红色	80～107	白色

玻璃球喷头		易熔元件喷头	
公称动作温度 /℃	工作液色标	公称动作温度 /℃	轭臂色标
79	黄色	121～149	蓝色
93	绿色	163～191	红色
141	蓝色	204～246	绿色

标准喷头的保护面积和间距如下表所示。

建、构筑物危险等级分类		每只喷头最大保护面积 / m²	喷头最大水平间距 / m	喷头与墙柱最大间距 / m
严重危险等级	生产建筑物	8.0	2.8	1.4
	贮存建筑物	5.4	2.3	1.1
中危险级		12.5	3.6	1.8
轻危险级		21.0	4.6	2.3

喷头的动作温度和色标如下表所示。

类 别	公称动作温度 /℃	色 标	接管直径 Dg / mm
易熔合金喷头	57～77	本色	15
	79～107	白色	15
	121～149	蓝色	15
	163～191	红色	15
玻璃球喷头	57	橙色	15
	68	红色	15
	79	黄色	15
	93	绿色	15
	141	蓝色	15
	182	紫红色	15

② 湿式报警阀。湿式报警阀的作用是接通或切断水源，输送报警信号、启动水力警铃，防止水的倒流。

③ 水流指示器。水流指示器的作用是当火灾发生，喷头开启喷水时或管道发生泄漏时有水流通过，水流指示器发出区域水流信号，起到辅助电动报警的作用。

▲ 湿式报警阀

▲ 水流指示器

④ 水力警铃。水力警铃安装在湿式报警阀附近，在报警阀打开水源，有水流通过时，水流使铃锤旋转，起打铃报警的作用。

⑤ 延迟器。延迟器的作用是防止湿式报警阀由于水压不稳而引起的误动作造成误报警。

▲ 水力警铃

（3）开式自动喷水灭火系统

开式自动喷水灭火系统按喷水形式的不同可分为雨淋灭火系统和水幕灭火系统两种，其喷水头的出水口是常开的，控制设备在管网上。

① 雨淋灭火系统。雨淋灭火系统是由火灾探测系统、开式喷头、雨淋阀、报警装置、管道系统以及供水装置组成的。它适用于扑灭大面积火灾以及需要快速阻止火灾蔓延的场合、火灾危险性较大的工业车间，如剧院舞台、库房等。

② 水幕灭火系统。水幕灭火系统是由水幕喷头、雨淋阀、干式报警阀、探测系统、报警系统及管道等组成，用来阻火、隔火、冷却防火隔断物及局部灭火。水幕灭火系统应设在防火墙等隔断物无法设置的开口部分，大型剧院、礼堂的舞台口、防火卷帘

或防火幕的上部等。

水幕灭火系统和雨淋灭火系统不同之处在于雨淋系统中采用开式喷头，将水喷洒成锥体形扩散射流；而水幕灭火系统则采用开式水幕喷头，将水喷洒成水帘幕状。所以，水幕灭火系统不能直接用来扑灭火灾，而应与防火卷帘、防火墙等配合使用，对它们进行冷却以提高耐火性能。

10.3.2 自动喷洒消防系统的安装

（1）工艺流程

自动喷洒消防系统安装的工艺流程为：

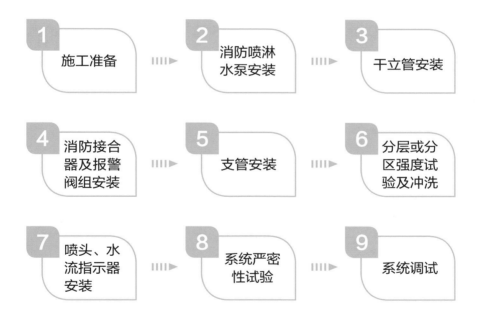

（2）施工准备

① 认真熟悉经消防主管部门审批的设计施工图纸，然后编制施工方案，进行技术、安全交底。

② 做好设备基础验收工作，核查预埋铁件和预留孔洞，落实施工现场临时设施和季节性施工措施等。

③ 组织材料、设备进场、验收入库工作，落实施工力量和施工计划。

（3）操作要点

① 不同种类的探测器要有不同的保护宽度和距离，不同距离范围宜设置不同的灵敏度。

② 探测器距墙距离不宜小于 0.6m。

③ 探测器与墙体和调整螺栓的固定应牢固，保证光轴对准。

④ 接收头应尽量避开阳光正面直射的位置，若多种分离式探测器并排安装，则应使接收头与发射头交错安装。

⑤ 报警阀应设在明显且易于操作的位置，距地面高度 1m 左右。报警阀处地面要有排水措施，且环境温度不低于 5℃。报警阀组装应按照产品说明书和设计要求做。

10.4 室外消火栓系统的安装

（1）室外消火栓系统的组成

室外消火栓系统一般由消火栓、消防给水管网、消防泵、泵房及消防水池五部分组成，消防泵和泵房常设置在高压给水系统中，以满足消防水压和水量的要求。

① 室外消防给水管网。室外消防给水管网由管道及各种阀门、附件等组成。为避免管网遭受"水锤"的破坏，消防管网内的水流最大速度不应超过 3m/s。

a. 按水压大小，室外消防给水管网可分为高压管网与低压管网。高压管网内经常保持 1.0MPa 的水压，不需要使用消防车中水泵或其他机动消防泵加压，而直接从消火栓接上水带、水枪便可出水灭火；低压管网内，平时水压在 0.15~0.2MPa 左右，水枪所需的压力必须由消防车中的水泵或者其他消防泵提供。

b. 按布置形式，室外消防给水管网又可分为环状管网与枝状管网。环状管网干线彼此相通，水流四通八达。在管径与水压相同的条件下，环状管网比枝状管网供水能力大 1.5~2 倍，并且环状管网比枝状管网供水安全。因此，室外消防管网尽量采用环状管网。只有当消防用水量较大（或者较小），且采用环状管网有困难时，才采用枝状管网。

② 消防泵。消防泵应根据设计要求的流量及扬程进行选择。消防泵既可单独工作，也可将两台或者两台以上的水泵串联或并联工作。并联的目的是为增加出水量，串联的目的则是为了加大扬程。

当消防泵由 2 台或 2 台以上的水泵组成时，至少有 2 条吸水管和 2 条出水管。出水管上还安装有止回阀。

为了保证消防泵在接警后 5min 内工作，消防泵通常都采用自灌式引水。

消防泵与电动机（或内燃机）用联轴器直接耦合。若采用三角皮带传动，其皮带数量不得少于 4 根。另外，应采取备用内燃机、专线供电、环形电路供电与独立的母线供电等措施，以保证不间断的动力供应。

③ 泵房。泵房属于 1~2 级的耐火建筑。设在其他房间的泵室，使用耐火等级不低于 1h 的非燃烧体外围结构与其他房间隔开，并且设有直通屋外的出口。

此外，泵房内应设置报警设备或者电话，以及水池、水箱（或水塔）的水位指示等设备。

④ 消防水池。当室外给水管网不能满足消防用水量与水压时，设置消防水池。消防水池的容积是消防用水总量与灭火延续时间的乘积。在能够保证连续供水的条件下，消防水池的容积可以减去灭火延续时间内补充的水量。

寒冷地区的消防水池，应该有可靠的防冰冻设施。消防水池周围有消防车道，以确保取水方便。

a. 消防水池保护半径通常为 150m。

b. 消防水池与建筑物之间的距离（消防水泵房除外），通常不小于 15m。

（2）室外消防水泵接合器及消火栓设置

① 消防用水应采用城市给水管直接供水。当城市给水管道等水源不能确保消防用水要求时，在工程进口以外需设室外消火栓（或者消防水池）、水泵接合器，当工程内已经设置消防水泵和消防水池时，可不设室外消火栓与水泵接合器。

② 消防水池的容量，按照 1h 消防用水总量计算。消防水池的补水时间，应不超过 48h。消防用水宜与其他用水合用 1 个水池，但是消防用水应有平时不被他用的技术措施。

③ 室外消火栓与水泵接合器的数量应按工程内消防用水总量确定（每个室外消火栓、水泵接合器的流量应按照 10~15L/s 计算）。室外消火栓应设于距工程进口不大于 40m 的范围内。室外消火栓给水管直径应不小于 100mm。在距水泵接合器 40m 的范围内应设室外消火栓（或者消防水池）。消火栓与水泵接合器应各有明显的标志。

（3）室外消火栓安装

① 严格检查消火栓的各处开关是否严密、灵活、吻合，所配备的附属设备配件是否齐全。

② 室外地下消火栓要砌筑消火栓井，室外地上消火栓应砌筑消火栓闸门井。在路

面上，井盖上表面与路面相平，允许偏差为 ±5mm；无路面时，井盖应高出室外设计标高 50mm，且应在井口周围以 0.02 的坡度向外做护坡。

③ 室外地下消火栓与主管连接的三通或者弯头下部带座和无座的，都应先稳固于混凝土支墩上，管下皮距井底不应小于 0.2m，消火栓顶部距井盖底面不应大于 0.4m，若超过 0.4m 应增加短管。

④ 室外消火栓的安装。消火栓距街道、道路边不应超过 2m，距建筑物外墙应不小于 5m；若确有困难，这一间距还可以减少，但最小应不少于 1.5m。

根据施工工艺要求，进行法兰闸阀、双法兰短管以及水龙带接扣安装，接出的直管高于 1m 时，需加固定卡子一道，井盖上应铸有明显的"消火栓"字样。

⑤ 室外消火栓地上安装时，通常距地面高度为 640mm，首先应把消火栓下部的弯头带底座安装在混凝土支墩上，安装要稳固。

⑥ 安装消火栓开闭闸门，两者间距离不应超过 2.5m。

⑦ 地下消火栓安装时，若设置闸门井，必须把消火栓自身的放水口堵死，在井内另设水门。

⑧ 根据相关工艺要求，进行消火栓闸门短管、消火栓法兰短管、带法兰闸门的安装。

⑨ 使用的闸门井井盖上要有"消火栓"字样。

⑩ 管道穿过井壁处，应严密不漏水。

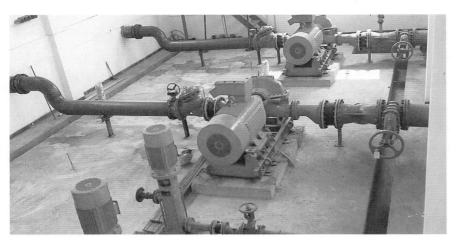

▲室外消火栓安装

第三篇
水暖工精通篇

第 11 章
水路安装

　　水路安装属于电路施工的后期工程，通常在油漆工结束后，家具、软装等进场后开始进行水路安装。水路安装项目主要集中在卫生间和厨房，卫生间包括洗面盆、坐便器、淋浴花洒、浴缸等洁具的安装，厨房包括地漏、水槽等的安装。在具体的安装过程中，需注意保护已经装修好的环境，尽量轻拿轻放，一次性安装到位，并将安装后的现场清理干净。

11.1 地漏安装

步骤一：安装之前，检查排水管直径，选择适合尺寸的产品型号。

步骤二：铺地砖前，用水冲刷下水管道，确认管道畅通。

步骤三：摆好地漏，确定其准确的位置。根据地漏的位置，开始划线，确定待切割的具体尺寸（尺寸务必精确），对周围的瓷砖进行切割。

步骤四：以下水管为中心，将地漏主体扣压在管道口，用水泥或建筑胶密封好。地漏上平面低于地砖表面 3~5mm 为宜。

▲均匀涂抹水泥

▲安装扣严

步骤五：将防臭芯塞进地漏体，按紧密封，盖上地漏算子。

▲防臭芯安装

▲盖上盖子

步骤六：安装完毕后，先检查卫生间泛水坡度，然后再倒入适量水看是否排水通畅。

▲倒水检查

▲测量坡度

11.2　水龙头安装

步骤一：先把两条进水管接到冷、热水龙头的进水口处，如果是单控龙头只需要接冷水管。

步骤二：安装固定柱，把水龙头固定柱穿到两条进水管上。

步骤三：再把冷、热水龙头安装到面盆上，面盆的开口处放入进水管。

步骤四：把紧固件固定上，并把螺杆、螺母旋紧。

步骤五：安装完毕后检查。首先仔细查看出水口的方向，标准的水龙头出水是垂直向下的，如果发现水龙头有倾斜的现象，应及时调节、纠正。

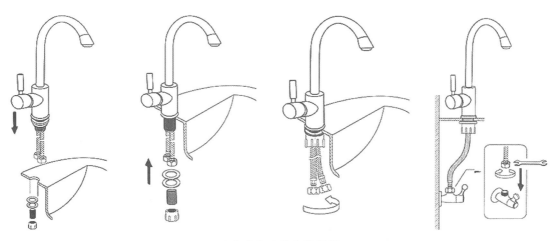

▲水龙头安装步骤图解

小贴士	水龙头安装注意事项

① 在安装水龙头前，需要打开冷、热水给水管，将水管内积累的杂质冲干净，以免损坏龙头。

② 水龙头必须在安全供水压力（一般公称压力不大于 1.0MPa）下使用，确保水龙头能正常使用和保持冷、热水的供水压力平衡。

③ 需要将花洒软管保持自然舒展状态，不能强行拉折，以免损伤或者损坏软管。

④ 不要用外力推压、摇晃水龙头，以免损坏水龙头。

⑤ 一般水龙头适用于建筑物内的冷、热管道上，介质温度不能高于 110℃。

11.3 水槽安装

步骤一：在大理石台面上开水槽孔，根据所选款式，告知橱柜厂家开孔尺寸。

▶石材台面开孔

步骤二：组装水龙头，将配件按照说明书安装。

进水胶管　套筒　螺纹接头　橡胶垫圈　　　　水龙头

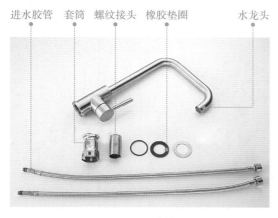

▲水龙头结构

▲水龙头组装效果图

步骤三：水槽拆封，并检查是否有损坏，然后将水槽嵌入到石材台面的孔洞中。

▲水槽拆封

▲安装水槽

步骤四：安装溢水孔下水管。溢水孔是避免水盆向外溢水的保护孔，因此在安装溢水孔下水管的时候，要特别注意其与槽孔连接处的密封性，确保溢水孔的下水管自身不漏水，可以用玻璃胶进行密封加固。

▲溢流孔下水管件

步骤五：安装过滤篮的下水管。在安装过滤篮的下水管时，要注意下水管和槽体之间的衔接，不仅要牢固，而且还应该密封。这是水槽经常出问题的关键部位，最好谨慎处理。

▲过滤篮下水管件

步骤六：安装整体排水管。通常业主会购买有两个过滤篮的水槽，但是两个下水管之间的距离有近有远。安装时，应根据实际情况对配套的排水管进行切割，这个时候要注意每个接口之间的密封。基本安装结束之后再安装过滤篮。

▶安装整体排水管

胶垫　下水器主体　过滤网　盖子

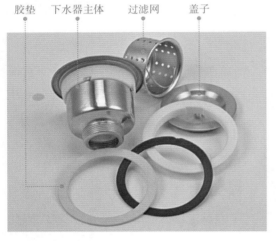

▲下水器组件

▲水槽排水组装效果图

步骤七：排水试验。将水槽放满水，同时测试两个过滤篮下水和溢水孔下水的排水情况。发现哪里渗水再紧固固定螺帽或是进行打胶处理。

步骤八：做完排水试验，确认没有问题后，对水槽进行封边。使用玻璃胶封边，要保证水槽与台面连接缝隙均匀，不能有渗水的现象。

▲水槽封边

11.4 洗面盆安装

（1）台上盆安装

步骤一：安装台上盆前，要先测量好台上盆的尺寸，再把尺寸标注在柜台上，沿着标注的尺寸切割台面板，方便安装台上盆。

步骤二：接着把台上盆安放在柜台上，先试装上落水器，使得水能正常冲洗流动，然后将落水器固定住。

步骤三：安装好落水器后，就沿着盆的边沿涂上玻璃胶，使得台上盆可以固定在柜台面板上面。

步骤四：涂上玻璃胶后，将台上盆安放在柜台面板上，然后摆正位置。

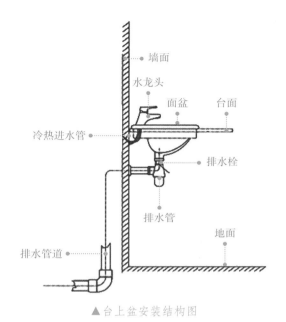

▲台上盆安装结构图

（2）台下盆安装

步骤		示意图
步骤一	在切割图上把面盆的图纸截下。	
步骤二	将切割图的轮廓描绘在台面上。	

153

步骤		示意图
步骤三	切割面盆的安装孔及打磨。	
步骤四	按照安装的龙头和台面尺寸正确切割龙头安装孔。	
步骤五	台面支架安装。	
步骤六	把洗脸盆暂时放入已开好的台面安装口内，检查间隙，并做好记号。	
步骤七	在洗脸盆边缘上口涂上硅胶密封材料后，把洗脸盆小心放入台面下，对准安装孔，跟先前的记号相校准并向上压紧，并使用厂家随货附带的脸盆与台面的连接件，将洗脸盆与台面紧密连接。	
步骤八	等密封胶硬化后，安装龙头，然后连接进水和排水管件。	

11.5　坐便器安装

步骤一：根据坐便器的尺寸，把多余的下水口管道裁切掉，一定要保证排污管高出地面 10mm 左右。

步骤二：确认墙面到排污孔中心的距离，确定与坐便器的坑距一致，同时确认排污管中心位置并画上十字线。

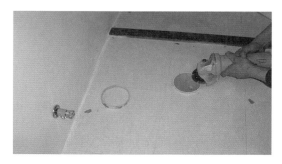

▲ 切割多余下水管口

步骤三：翻转坐便器，在排污口上确定中心位置并画出十字线，或者直接画出坐便器的安装位置。

▲ 测量坐便器进深

▲ 确定排污口

步骤四：确定坐便器底部安装位置，将坐便器下水口的十字线与地面排污口的十字线对准，保持坐便器水平，用力压紧法兰（没有法兰要涂抹专用密封胶）。

步骤五：将坐便盖安装到坐便器上，保持坐便器与墙间隙均匀，平稳端正地摆好。

▲ 法兰套到坐便器排污管上

▲ 安装坐便盖

步骤六：坐便器与地表面交汇处，用透明密封胶封住，可以把卫生间局部积水挡在坐便器的外围。

步骤七：先检查自来水管，放水 3~5min 冲洗管道，以保证自来水管的清洁，之后安装角阀和连接软管，将软管与水箱进水阀连接并按通水源，检查进水阀进水及密封是否正常，检查排水阀安装位置是否灵活、有无卡阻及渗漏，检查有无漏装进水阀过滤装置。

▲给坐便器周围打胶

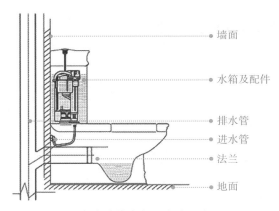

▲直冲连体坐便器安装示意

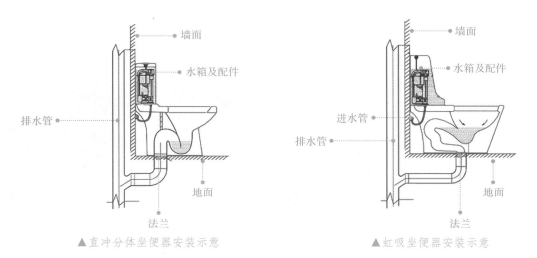

▲直冲分体坐便器安装示意　　　▲虹吸坐便器安装示意

11.6　智能坐便盖安装

步骤一：　先关闭坐便器水箱的进水阀，放空水箱里的水，然后拆除通向水箱的进水管。

步骤二：　将分流水阀安装在坐便器水箱的进水阀上。

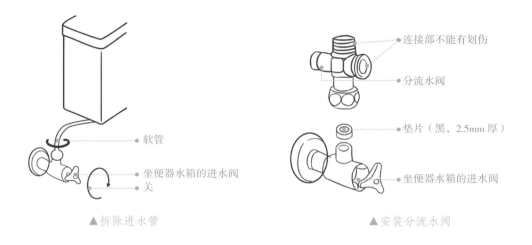

连接部不能有划伤

分流水阀

软管

坐便器水箱的进水阀

关

垫片（黑，2.5mm 厚）

坐便器水箱的进水阀

▲拆除进水管　　　　　　　　　　　▲安装分流水阀

步骤三：　将水箱原进水管安装在分流水阀上。

步骤四：　用活动扳手等拧开螺母，取下锥形垫片和螺栓，然后拆除坐便盖。

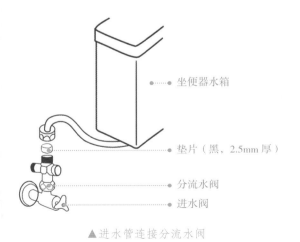

坐便器水箱

垫片（黑，2.5mm 厚）

分流水阀

进水阀

▲进水管连接分流水阀

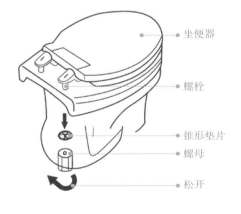

坐便器

螺栓

锥形垫片

螺母

松开

▲拆除坐便盖

157

步骤五：从本体底部拆下固定板。即按下本体装卸按钮的同时向上提起本体固定板。固定板安装时，从螺栓上卸下螺母、塑料垫片和锥形垫片，将螺栓与固定件从本体固定板的开口处插入，再插入防滑垫片，然后将本体固定板安装在坐便器上，套上锥形垫片和塑料垫片，用螺母拧紧。

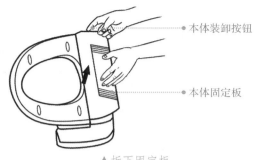

▲拆下固定板

步骤六：安装进水软管一端到分流水阀的连接部。确认进水软管一端〇形圈部没有灰尘附着后，将软管笔直插入分流水阀的连接部。将快速管夹插入进水软管和分流水阀的连接部，注意要插到底。将快速管夹帽套入快速管夹的两翼上，然后安装进水软管另一端到本体侧连接部。

步骤七：确认各接口处是否连接完成，进水管的进水阀和分流水阀的进水阀是否处于"开"的状态（分流水阀的进水阀在出厂时即为"开"的状态）。如果不打开进水阀，会发生不出水或出水小的问题。

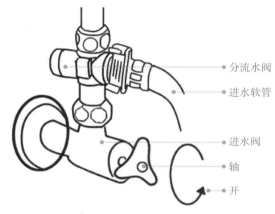

▲分流水阀与进水阀

步骤八：坐便盖自动打开时会撞上坐便器水箱，应粘贴上缓冲垫，粘贴前需拭去坐便器水箱上待粘贴部位的污渍、水分等。

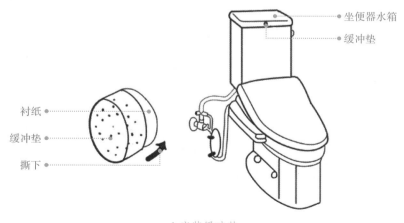

▲安装缓冲垫

11.7 蹲便器安装

步骤一： 根据所安装产品的排污口，在离墙适当的位置预留下水管道，同时确定下水管道入口距地平面的距离。

步骤二： 在地面下预留蹲便器凹坑，保证其深度大于蹲便器的高度。

步骤三： 将蹲便器固定到安装位置。

步骤四： 将连接胶塞放入蹲便器的进水孔内卡紧。在与蹲便器进水孔接触的外边缘涂上一层玻璃胶或油灰，将进水管插入胶塞进水孔内，使其与胶塞密封良好，以防漏水。

▲ 预留蹲便器凹坑

步骤五： 在蹲便器的出水口边缘涂上一层玻璃胶或油灰，放入下水管道的入口旋合，用焦煤渣或其他填充物将便器架设水平。

步骤六： 用水泥砂浆将蹲便器固定在水平面内，平稳、牢固后，再在水泥面上铺贴卫生间地砖。

▲ 固定蹲便器

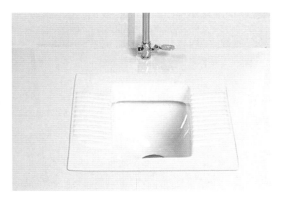

▲ 安装完成

11.8 小便器安装

步骤一： 清理墙体表面，用铲子将墙体上的污物全部铲掉，并且保证墙体平整。

步骤二： 测量安装高度，挂钩距地面的距离为900mm，确定打孔位置，电锤打孔。小便器安装高度一定要适中，一般公共厕所的挂式小便器安装高度如果为300mm左右的是供给小孩使用的，大人使用的挂式小便器安装高度则一般在500mm左右。

步骤三：打入膨胀螺丝，安装小便器挂件，用扳手将挂件固定好，防止小便器脱落。

步骤四：悬挂小便器，调整好方向，使小便器与墙体尽量贴合。

步骤五：连接排水管道，小便器与墙体打玻璃胶，排水管道接入下水道，并做好密封。

▲ 电锤打孔

▲ 小便器安装

11.9 浴缸安装

步骤一：把浴缸抬进浴室，放在下水的位置，用水平尺检查水平度，若不平可通过浴缸下的几个底座来调整水平度。

步骤二：将浴缸上的排水管塞进排水口内，多余的缝隙用密封胶填充上。

步骤三：将浴缸上面的阀门与软管按照说明书示意连接起来，对接软管与墙面预留的冷、热水管的管路及角阀用扳手拧紧。

步骤四：拧开控水角阀，检查有无漏水。

步骤五：安装手持花洒和去水堵头。

步骤六：测试浴缸的各项性能，没有问题后将浴缸放到预装位置，与墙面靠紧。

步骤七：用玻璃胶将浴缸与墙面之间的缝隙密封。

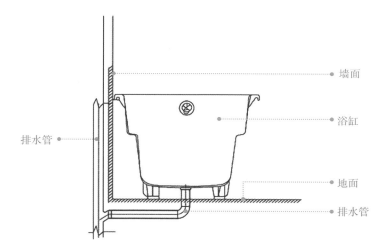

墙面

浴缸

地面

排水管

排水管

▲亚克力浴缸安装结构

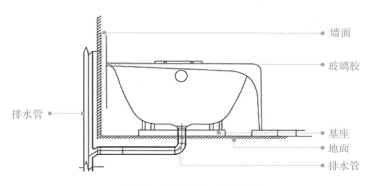

墙面

玻璃胶

基座

地面

排水管

排水管

▲铸铁有裙边浴缸安装结构

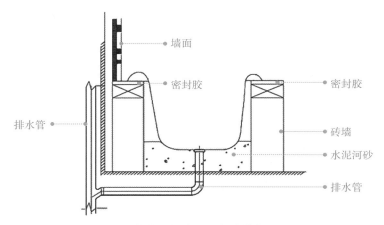

墙面

密封胶

密封胶

砖墙

水泥河砂

排水管

排水管

▲铸铁无裙边浴缸安装结构

11.10 淋浴花洒安装

步骤一： 关闭总阀门，将墙面上预留的冷、热进水管的堵头取下，打开阀门放出水管内的污水。

▲取下冷、热水管堵头

步骤二： 将冷、热水阀门对应的弯头涂抹铅油，缠上生料带，与墙上预留的冷、热水管头对接，用扳手拧紧。

步骤三： 将淋浴器阀门上的冷、热进水口与已经安装在墙面上的弯头试接，若接口吻合，把弯头的装饰盖安装在弯头上并拧紧，再将淋浴器阀门与墙面的弯头对齐后拧紧，扳动阀门，测试安装是否正确。

▲安装冷、热水阀门

步骤四：将组装好的淋浴器连接杆放置到阀门预留的接口上，使其垂直直立。

步骤五：将连接杆的墙面固定件放在连接杆上部的适合位置上，用铅笔标注出将要安装螺丝的位置，在墙上的标记处用冲击钻打孔，安装膨胀塞。

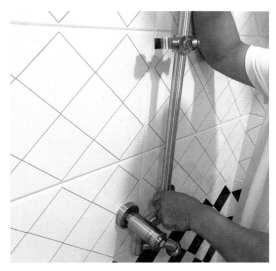

▲预安装淋浴器连接杆

▲冲击钻打孔

步骤六：将固定件上的孔与墙面打的孔对齐，用螺丝固定住，将淋浴器上连接杆的下方在阀门上拧紧，上部卡进已经安装在墙面上的固定件上。

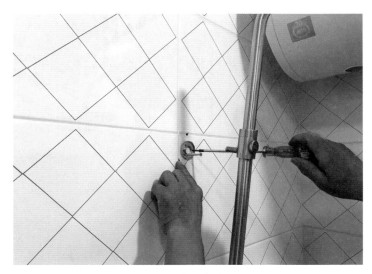

▲安装固定件

步骤七：弯管的管口缠上生料带，固定喷淋头。

步骤八：安装手持喷头以及连接软管。

▲安装手持喷头

步骤九：安装完毕后，拆下起泡器、花洒等易堵塞配件，让水流出，将水管中的杂质完全清除后再装回。

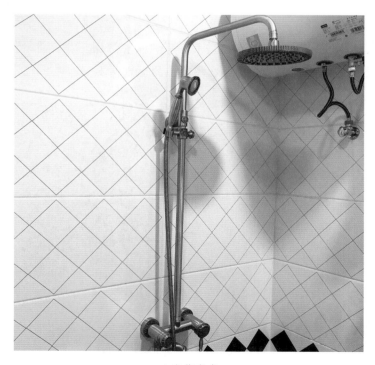

▲安装完成

第 12 章
水路修缮

  水路修缮是指解决水路在日常使用过程中产生的问题，以保证水路及相关设备的正常工作。水路修缮方面的问题多种多样，细分下来有几十种，但看似繁杂的问题背后有着一定的规律可循，包括解决方法。水路中发生的问题无外乎两种，一种是给水方面的漏水，另一种是排水方面的堵塞。经过总结发现，给水方面的漏水统一集中在出水端口上，如水龙头、淋浴花洒等连接出现问题，导致漏水，在本书中都有细致的解决方法；排水方面的堵塞统一集中在用水设备的排水管中、存水弯中或者是地漏中，这类问题的解决方法需要疏通排水管、更换排水管或采用局部修复的方式来解决排水问题。

12.1　更换存水弯

① 如果存水弯的弯曲部分底部安装有放水塞，可用扳手拆下放水塞，并将存水弯内的水排到桶里。如果没有放水塞，那么就应该拧松滑动螺母并将它们移到不碍事的地方。

② 如果存水弯是旋转型的，那么存水弯的弯曲部分是可以自由拆卸的。在拆卸时要使存水弯保持直立，并在将该部分拆下来后将里面的水倒掉。如果存水弯是固定的，不能旋转，则拧下排水管法兰处的尾管滑动螺母和存水弯顶部的滑动螺母，将尾管向下推入存水弯内，然后顺时针拧存水弯，直到将存水弯内的水排出为止。然后拔出尾管，拧开固定存水弯的螺丝，将存水弯从排水道延长段或排水管上拆下。

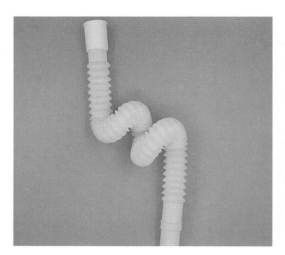

▲ 螺旋型存水弯

③ 根据需要，购买直径合适的排水管存水弯、新尾管、排水道延长段或其他配件。旋转型存水弯使用起来较方便，因为可以很方便地对它进行调整，改变它的角度或使其与排水管部件对齐。

④ 按正确顺序更换零件，确保将滑动螺母、压力密封带或大垫圈安装在管道上的相应部分。先用滑动螺母将零件松散地连在一起，进行最后的调整，使管道相互对齐之后，再将螺母拧紧，紧密程度适中即可，不要太紧。通常不需要使用管道工的胶带或接缝填料。

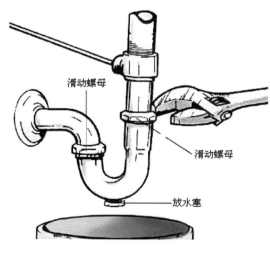

▲ 更换存水弯

⑤ 立即向新存水弯中放水，这既可以检查是否漏水，又可以让这些水形成阻挡下水道气体的重要屏障。

12.2 排水管堵塞的解决方法

① 关上水龙头，以免堵塞处积水更多。

② 伸手到排水管或污水管口揭开地漏，清除堵塞物。室外的下水道可能是因为堆积了落叶或泥沙，以致淤塞。

③ 洗脸盆或洗涤槽的排水管若无明显的堵塞物，可用湿布堵住溢流孔，然后用搋子（俗称水拔子）排除堵塞物。

④ 水开始排出时，应继续灌水，冲去余下的废物。

⑤ 如果搋子无法清除洗涤槽或洗脸盆污水管的堵塞物，可在存水弯管下放一只水桶，拧下弯管，清除里面的堵塞物。新式存水弯管是塑料造的，用手就可以拧下来，若用扳手则不要太用力。

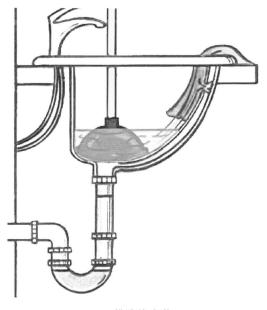

▲排除堵塞物

12.3 排水管漏水的解决方法

（1）水管接头漏水的解决办法

家里的水管接头漏水，如果管接头本身坏了，只能换个新的；如果是丝口处漏水可将其拆下，如没有胶垫的要装上胶垫，胶垫老化了就换个新的，丝口处涂上厚白漆再缠上麻丝后装上，或用生料带缠绕；如果由于水龙头内的轴心垫片磨损所致，可使用钳子将压盖柱转松并取下，用夹子将轴心垫片取出，换上新的轴心垫片即可。

▲水管接头漏水

（2）下水管漏水的解决方法

① 如果是 PVC 水管，可以去买一根 PVC 的水管来自己接。先把坏了的那根管子割断，把接口先套进管子的一端，使另外的一端的割断位置正好与接口的另外的一个口子齐平，使它刚好能够抻直，然后把直接头往套进接口的一端送，使两端都有一定的交叉距离（长度）。然后把 PVC 水管拆卸下来，用 PVC 胶水涂抹在直接的两端内侧与两个下水管的外侧。

② 也可以用防水胶带来修补下水管，只需用防水胶带缠住漏水部位，再用砂浆防水剂和水泥抹上去就行了。

▲ 下水管漏水

（3）铁水管漏水的解决方法

① 若是直径为 2cm 的铁水管漏水，但是铁水管没有锈渍，只是部分位置破坏。解决办法是把水管总阀关闭，只需要更换该位置的铁水管即可。切断该位置的水管，将用车丝用的器械车丝扣接上连接头即可。

② 若是直径为 20cm 的铁水管漏水，如果是连接头出现问题就换掉接头部分；如果是管身出现漏水，则需要先磨去原管身的锈渍，再采用焊接方法修补，注意需要在修补位置镶嵌一块与水管贴合紧密的铁板做加固处理。

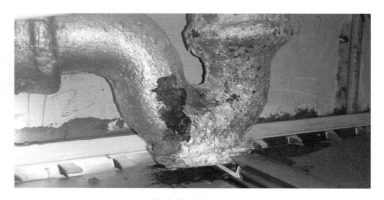

▲ 铁水管生锈、漏水

（4）塑料水管漏水的解决方法

① 先用小钢锯把漏水的地方锯掉，锯口要平。

② 用砂纸把新露出的端口轻轻打磨，不要太多。

③ 用干净的布将端口擦拭干净。

④ 用专用胶水涂在端口上，稍微晾一会儿，趁此时在新的接头内涂上胶水。

⑤ 把端口和"竹节"连接，要反复转动，直到牢固。再用同样的方法去连接另一端。

⑥ 一切完成后在接缝处再涂适量的胶水，确保水管不渗漏。

12.4 止水阀漏水的解决方法

止水阀漏水只要更换新的垫片就可以修复漏水。先用螺丝刀关闭止水阀，然后用工具向左转，松开轴心盖，更换上垫片。这时，如果为了更换保护垫片而旋转轴心的话，水就会喷出来，因此必须在修复前先将家中的水源开关关掉。

▶ 更换止水阀垫片

12.5 排水管出现裂缝、穿孔的解决方法

（1）裂缝原因及维修方法

管壁裂缝的主要原因是房屋变形、地基下沉，引起整个排水系统管道受力不均而使某段管壁出现裂缝。这种情况不常出现，解决的方法有以下两种。

① 一种是采用涂环氧树脂，贴玻璃丝布的"缠裹法"，将裂缝段的管道用玻璃丝布裹起来防止再漏水。

② 另一种方法是用手提砂轮沿裂缝打出坡口，坡口上口宽不超过 2 mm，深不超过 3 mm，然后将冷铅切成细条，嵌进裂缝内，用扁铲配合锤子敲实，打到不漏水为止。

（2）管壁穿孔原因及维修方法

管壁穿孔主要是腐蚀造成的，或者在铸造过程中有砂眼和气孔，管壁很薄，稍微受腐蚀便会穿孔。

解决的方法是将孔周围 50 mm 以内的管壁打磨光，涂上环氧树脂和固化剂，再贴上玻璃丝布，然后在玻璃丝布上再涂环氧树脂，再贴玻璃丝布，一般采用四脂三布，即可解决。

12.6 下水管道反异味的解决方法

（1）下水道返臭味的原因

下水道返味的原因可能是下水道的水封高度不够，存水弯水分很快干涸，使排水管内的臭气上溢。这时可以给下水道加一个返水弯，或换一个同规格的下水道。如果长期无人在家，最好用盖子将下水道封起来。

（2）清洗卫生间排水口的方法

在卫浴的排水口，因为要阻止从排水管里发出的异味，所以一般都会有一些积水，其原理和坐便器是差不多的，这个时候排水口起到了防臭阀的作用。但是由于在洗澡的时候，身体的污垢和毛发都会呈糊状堵住排水口，一旦水流受阻，这里就会成为恶臭与病菌的发源地。因此有必要进行"分解扫除"，所需要的工具非常简单，只需要牙刷和海绵即可。如果是一般住宅的排水口，首先需要将排水口的外壳拆下，将塑料制的网旋转拆下。另外还需要将最下方的零件也拆下，全部拆下以后，可以用牙刷和海绵进行清洗。

▲ 海绵

▲ 清洗排水口

（3）排水口恶臭的解决方法

如果零件变色或者发出的恶臭非常严重，在取出清洗完并重新安装回去后，可以缓慢地将氯水漂白剂滴进去，这个过程可持续 3~5min。

需要特别注意的是，如果用到氯水漂白剂，一定要戴上手套，并保持浴室换气通风，等到氯气的味道都散了，再重新用清水冲洗一下排水口，就能解决排水口恶臭的问题。

12.7 更换洗手台进水管

购买洗手台进水管时，先确认尺寸及所需配件。更换时先将进水口控制阀关闭，再将控制阀上的固定螺帽卸下，把旧水管拔起。利用万用钳将水管连接到洗脸台一端的固定螺帽卸下，然后将旧水管拆除。

新式高压软管本身都已附加上固定螺帽，所以直接将其固定在进水口控制阀上即可。对应冷热水的龙头位置，将高压软管的另一端安装在水龙头的下方。在冷、热进水口的高压软管安装完成后，将进水口的控制阀开启。

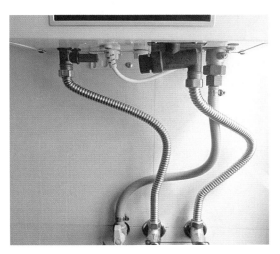

▲ 更换不锈钢进水管

12.8 更换水龙头

① 换装水龙头之前，要先将洗脸盆下方的水龙头总开关关闭。如果洗脸盆下方还有陶瓷材质的盖子或陶瓷立柱盖住，要小心将盖子拆开，因为这类材质的器具很容易摔坏。

② 关闭水源开关之后，需循着水管往上找到水龙头与水管的接口处，捏住水管上方的金属接头，用力旋转几下，将它拆下来。

③ 水管拆下来先摆在一边，可以仔细

▲ 关闭进水总阀门

看一下这些水管的接头和管壁，如果特别脏，建议可以考虑买来新的换掉。

④ 将水管拆掉之后，用手握住整个水龙头再往左、往右轻轻旋转两下，把水龙头拧松，拆卸下来。

⑤ 在换上的水龙头的螺纹处，缠绕生料带，缠绕的圈数越多越好。

▲ 拆下水龙头　　　　　　　　　　　　　　　▲ 缠绕生料带

⑥ 安装换上的水龙头，并拧紧。

⑦ 调整水龙头的朝向，垂直朝下，然后拧开开关，检测水流是否正常。

▲ 拧紧水龙头　　　　　　　　　　　　　　　▲ 安装完成

12.9　更换水龙头把手

不管是双枪混合水龙头还是单枪水龙头，在市面上都可以找到各式各样、五颜六色的更换把手。只要将目前所使用的把手换成喜欢的类型即可。

① 双枪混合水龙头。将水龙头关紧，用锥子或细长的一字螺丝刀将锁扣撬起。松开螺丝的同时，并将把手向上拔起。从所附的 3 颗六角头中选择适合轴心尺寸的，将其插入，将横杆式把手套入。此时的冷热水把手都要朝向正面。从所附的 3 根螺丝中选择适合轴心尺寸的，将其锁上。最后将锁扣盖回把手上。

② 单枪水龙头。将锁扣向左转开、卸下，再将把手向上拔起。从 3 颗六角头中选择适合的插入后，套上横杆式把手。从所附的 3 根螺丝中选择适合轴心尺寸的，将其锁上即可。

▲ 双枪混合水龙头

▲ 单枪水龙头

12.10　水龙头一直漏水的解决方法

多数人认为龙头漏水就是阀芯出了问题，实际上，只要使用得当，阀芯是不容易出问题的。因此，如果龙头出现漏水现象，应从其本质来进行分析。

漏水现象	原因分析	解决办法
水龙头出水口漏水	当水龙头内的轴心垫片磨损时会出现这种情况	根据水龙头的大小，选择对应的钳子将水龙头压盖旋开，并用夹子取出磨损的轴心垫片，再换上新的垫片即可解决该问题

续表

漏水现象	原因分析	解决办法
水龙头接管的接合处出现漏水	检查下接管处的螺帽是否松掉	将螺帽拧紧或者换上新的 U 形密封垫
水龙头栓下部缝隙漏水	这是因为压盖内的三角密封垫磨损所引起的	可以将螺丝转松取下栓头，接着将压盖弄松取下，然后将压盖内侧三角密封垫取出，换上新的即可

12.11　水龙头密封圈漏水的解决方法

① 关闭供水，拆下水龙头把手。

② 旋下填密螺母，从阀芯上把螺母和旧的密封圈都取下来。

③ 安装新的密封圈。如果使用的是线状的密封材料，把它绕阀芯缠几圈。如果是软金属丝这样的密封材料，则仅绕阀芯缠一圈即可。

④ 在重新把水龙头组装起来之前，应该在阀芯的螺纹上和填密螺母的螺纹上涂一层薄薄的凡士林油。

▲水龙头密封圈

12.12　水龙头生锈的解决方法

（1）原因分析

一般水龙头是由锌合金、纯铜和不锈钢三种材质制成的，一般情况下，水龙头生锈是由于使用时间长从而使得水龙头产生锈渍。对于这种情况，将生锈的水龙头在水里泡一泡，再用牙膏、毛巾擦一擦，一般都会光亮如新。除此之外，洁厕剂和醋可以较快地除去锈迹。如果水龙头生锈得很厉害的话，有可能是水质有问题，或者是水龙头质量较差，这时候就需要更换新的了。

▲水龙头生锈

（2）拆卸及更换方法

① 用锤子轻轻敲打水龙头与水管结合处，四周都要敲打到，多反复几次，主要作用是使水龙头和水管之间的咬合松动。

② 将水龙头与水管结合部缠的生料带全部清除干净，喷上除锈剂。除锈剂使用汽车用的松锈润滑剂就可以，这种除锈剂可以很容易购买得到。

③ 待除锈进行一段时间后，用扳手或水管钳拧动水龙头，即可将其卸下。

12.13　安装水龙头起泡器

厨房、浴室中装置水龙头起泡器，可阻止水花四溅，同时可减少资源浪费。安装前应先关闭水龙头，将水龙头上的旧的滤水头卸下。拆卸时应注意，接头内有一片黑色橡胶圈，应一并更新，防止漏水。然后将起泡器的旋牙对准水龙头口出水端的旋牙，转紧即可。

安装起泡器后，水龙头给水时会产生大量气泡，防止溅出水花，并且可以任意调整水流方向。

▲水龙头起泡器

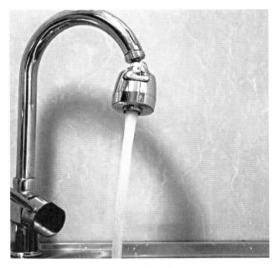

▲起泡器使用效果

12.14　维修按压式水龙头

① 卸下把手，查看水龙头的部件。用鲤鱼钳或可调扳手取下填密螺母，小心不要在金属上留下划痕。向与打开水龙头时旋转的同一方向旋转阀芯或轴，把它们拧下来。

② 取下固定垫圈的螺丝。如果有必要，可使用渗透润滑油来使螺丝变松。检查螺丝和阀芯，如果有损坏要更换新的。

③ 关闭供水，卸下水龙头把手上面或后面的小螺丝以拆下固定在水龙头主体上的把手。一些螺丝藏在金属按钮、塑料按钮或塑料片下面，这些按钮或塑料片是卡入或拧入把手中的，只要把按钮打开，就会看到装在顶部的把手螺丝。

④ 用一个完全相同的新垫圈换掉旧垫圈。与旧垫圈完全匹配的新垫圈一般都可以让水龙头不再滴水。还要注意旧垫圈是一个斜面的还是平的，应用相同的新垫圈进行更换。只针对冷水设计的垫圈在有热水流过时会剧烈膨胀从而堵塞出水口，使得热水流变慢。有些垫圈在冷热水中都可以工作，但是要确定用于更换的垫圈的规格与原来的是一模一样的。

⑤ 将新的垫圈固定到阀芯上，然后把水龙头的各部件重新装好。按顺时针方向旋转阀芯。阀芯就位后，把填密螺母重新装上。小心不要让扳手在金属上留下划痕。

⑥ 重新安装把手并把按钮或圆盘装回去。重新开启供水，检查是否还有漏水。

▲ 按压式水龙头

12.15 冷水口出热水的解决方法

水龙头的冷水出口出来热水，产生这种情况一般是因为冷热水压力差过大，或者热水器提高水温的能力不够。想要解决这个问题，就要将热水器的冷热三角阀调小，使压力平衡，以保证热水器的水温能够跟上出水的速度。

▲ 热水器冷热三角阀

12.16 浴室潮湿或出现霉斑的解决方法

（1）设计金属高腿，拒绝潮气向上延伸

浴室柜不要选用木制的柜腿，否则，在使用中会将地面的潮气引向柜体，最终会导致整个柜子潮湿变形。如果在柜体底部采用不锈钢作为支腿材料支撑柜体，可以使得浴室柜隔绝地面潮气，并使柜体尽量保持干燥。

（2）干湿分开，保持地面干燥

如果有条件的话最好是采用淋浴房，这样洗浴时可以避免更多的墙地面接触水。排风扇最好装在淋浴房的上方，淋浴后，关上浴房门，多开一会儿排风扇，会使得淋浴产生的水汽尽量通过排风扇排出，避免了水汽积存在卫浴间中。

（3）增加防水铝箔

夏天，我们常会发现浴室内的一些水管会产生冷凝水，这些水会顺着台面流入柜子底部，引起柜体发霉变形。如果在管子外面包裹一层海绵，就可以减少冷热气体直接在水管上形成冷凝水。此外，在柜体底部加上一层防水铝箔或是橡胶垫，或把它们垫在抽屉底部，也能起到防潮的作用。

（4）淋浴房用后要及时清理

有些人习惯在淋浴后，任淋浴房自然风干，这其实是一个很不好的习惯。墙地面水的挥发，会加剧卫浴的潮湿，所以一定要在淋浴后用干抹布将墙面擦净，并将地面积水清理干净。

12.17 水龙头、花洒乱射水的解决方法

这可能是由于杂质堵塞过滤网所引起的，只需将过滤网拆下并清洗掉杂质后安装，即可解决这个问题。也可能是水龙头或者花洒中间的孔有点堵塞，因此水都往外跑，遇到这种情况通一下中间的孔，试试有没有效果。

如果不是以上两种问题的话，还可以在淋浴的时候，挂一块小的毛巾在花洒上边，这样的话水就会顺着毛巾流到中间去了，虽然看起来比较难看，但是应该还是有效果的。

如果这几种方法都解决不了问题的话，那就只能选择更换水龙头或者花洒了。

12.18　水龙头转换开关失灵的解决方法

水龙头转换开关失灵，很可能是阀芯卡阻塞了。这种现象是水里的杂质卡住了阀芯而使阀芯转动不灵，甚至损坏了阀芯。一般有以下几种原因和解决办法。

① 可能是水压的关系。水压过小，压下转换开关可能会弹不起来；水压过大，转换开关可能会压不下去。

② 如果是杂质卡住开关，应拆下开关清洗。

③ 如果是转换开关密封圈损坏，则应更换新的密封圈。

▲水龙头转换开关失灵

12.19　浴缸与墙面连接处有污垢的解决方法

（1）原因分析

浴缸与墙面的连接处往往采用的是橡胶状的填充材料，能够起到固定、防滑的作用。但是经过长时间的使用，很容易在上面产生大量的污垢。如果出现污垢，则需要马上处理，不然时间久了就更加难以解决。

（2）轻度污垢的处理方法

可以使用氯系漂白剂去除污垢。将面巾纸撕碎，做成条状，放在污垢上。用牙刷蘸上氯系漂白剂，涂在面巾纸上，大约静止 30min~1h。等污垢浮起后，用卫生纸等去除，再用水冲洗干净即可。

▲氯系漂白剂

（3）重度污垢的处理方法

① 用美工刀将浴缸与墙面中间的旧填充材料割除。剩下的填充材用美工刀的刀背或者不用的刀片等仔细地刮除，再用布拭净，待干。

② 留下要填补的空间，两侧用遮蔽胶带小心贴好，使其密合。

③ 打开填充材料的盖子，更换喷嘴，用美工刀配合细缝大小来切割。

④ 装上填充材料附属的挤压器，将填充材料挤入细缝中。然后用刮勺沿着细缝一边压紧一边向后拉，就可以去除多余的填充材料。

⑤ 立即撕掉遮蔽胶带，不要让填充材料沾到其他东西上。在填充材料完全凝固之前，请不要戳它或者摩擦它。大约经过半天左右，如果用热水冲填充材料也不会变就可以了。

12.20　更换坐便器冲水器

① 将坐便器水箱下方的水源开关关闭，放掉坐便器水箱里的水。

② 将连接止水皮的旋钮拆下，把水箱内旧的止水皮拆下。

③ 把新的止水皮装上去，旧的怎么拆，新的就怎么装。

④ 将旧的水箱把手卸下来，装上新的两段式把手。新装置有长短两个拉杆，分别控制水的大小流量。

⑤ 拉杆上有沟槽设计，拉杆的沟槽要与两段式把手的卡榫卡在一起。

⑥ 将止水皮上的两条绳子分别为控制大小水流量的拉线，要对照说明书装对位置。

⑦ 调整拉线为悬垂放松的长度，大约要留比最短距离再多 1cm。

⑧ 将坐便器水箱装水，试试看有没有改装成功。

▲坐便器冲水器

12.21 调整坐便器水箱浮球柄

坐便器水箱出水量与浮球高低有关，只要调整浮球高度，就可改变马桶水箱储水量。因此调整马桶水箱浮球的位置就可以达到省水的目的。

如果水箱出水量太大，可将进水器上的定位螺丝顺时针转动，使浮球定位下降。浮球位置下降后，自然就可以让水箱的储水量降低，进而减少用水。

▲ 调整浮球柄

12.22 坐便器水箱漏水的解决方法

（1）水箱漏水原因分析

① 材质低劣。部分不法商家为了追求低成本，选用劣质的材料来制造坐便器的各个配件，导致进水阀、出水口以及进水管开裂，失去密封的作用。水箱中的水经排水阀溢流管流入坐便器。

② 过度追求水箱配件小型化。这将导致浮球浮力不够，当水吞没浮球后，进水阀未关闭，使得水不停地流进水箱，最终导致水从水箱溢出。特别是自来水压力高时，这种现象尤为明显。

③ 设计不当。由于设计不当，使水箱配件各机构在动作时产生干扰，导致漏水。比如水箱放水时浮球及浮球杆下落后影响翻板正常复位，形成漏水；还有浮球杆过长，浮球过大，形成与水箱壁间摩擦，影响浮球的自由升降，导致密封失效而漏水。

④ 压差式进水阀未加过滤网。由于压差式进水阀未加过滤网，水中杂质极易堵塞密封圈小孔，致使进水阀不能关闭，密封失灵。

⑤ 排水阀密封阀盖与阀体密封面配合不紧密，形成漏水。密封阀盖与阀体密封面间有线接触密封和面接触（平面或曲面）密封两大类。传统的翻板式密封阀盖大多属于线接触密封。从检测中看，翻板材质选用不当、翻板自身变形或在水中受压变形、翻板运用后错位、阀体密封面工艺缺陷等是形成排水阀自身漏水的主要原因。而采用面接触密封的排水阀，其密封性优于线接触密封的排水阀。

▲坐便器水箱漏水

（2）水箱漏水的维修方法

① 材质的选用应符合《坐便器低水箱控制》（JC 707—1997）规范中有关材质的规定。

② 浮球（或浮桶）的浮力大小要经理论计算，至少在 0.6MPa 的压力下，浮球吞没 3/4 时才可以保证其密封。

③ 因坐便器低水箱大小不一，在设计水箱配件时要充分考虑其装置后各机构动作是否自如，不会相互产生影响。

④ 进水阀应加装过滤网。

⑤ 排水阀阀盖选材要恰当，制造要精密，并加强包装、运输过程中的维护，以防止变形。

⑥ 排水阀阀体能一次成形最好，不能一次成形的，在各连接处最好采用螺纹加耐水黏结剂装配的构造方式；升降式进水阀至少要有双重密封圈以保证其密封性能。

12.23　坐便器堵塞的解决方法

（1）坐便器轻微堵塞

一般是手纸或卫生巾、毛巾、抹布等造成的坐便器堵塞。这种情况直接使用管道疏通机或简易疏通工具就可以疏通了。

（2）坐便器硬物堵塞

使用的时候不小心掉进塑料刷子、瓶盖、肥皂、梳子等硬物。这种堵塞轻微时可以直接使用管道疏通机或简易疏通器直接疏通，严重的时候必须拆开坐便器疏通。这种情况只有把东西弄出来才能彻底解决。

（3）坐便器老化堵塞

坐便器使用的时间长了，难免会在内壁上结垢，严重的时候会堵住坐便器的出气孔而造成坐便器下水缓慢。解决方法就是找到通气孔后刮开污垢就可以让坐便器下水畅通了。

（4）坐便器安装失误

安装失误一般分为底部的出口跟下水口没有对准位置、坐便器底部的螺丝孔完全封死，这些情况都会造成坐便器下水不畅通，坐便器水箱水位不够高也会影响冲水效果。

（5）蹲便器改坐便器

有些老房子建房时安装的是蹲便器，下水管道底部使用的是 U 形防水弯头。在改成坐便器的时候，最好能把底部弯头换成直接弯。如果换不了，那在安装坐便器前就一定要做好底部返水弯的清理工作，安装时切忌让水泥或瓷砖碎片掉进去。

▲ 橡皮气压式疏通器

▲ 手动式坐便器疏通器

12.24　坐便器反异味的解决方法

如果坐便器一往里倒水就有异味出来，是因为坐便器的水封高度不够。所谓坐便器水封高度是指坐便器在不用的情况下水面（会留有一些水）与排污口顶端的高度。水封高能有效防止下水管的异味往室内冒，而这个水封高度是坐便器在设计的时候就定好了的，一般情况下无法改变。但有时水封高度不够和冲水量不够有直接关系，

▲坐便器水封高度

这时可以换一个补水量比较大的进水阀来增加冲水量，从而解决坐便器反异味的问题。

12.25　冲水键无法回归原位的解决方法

有时候会出现按下冲水键之后，手离开，冲水键却没回归原位，水流个不停的情形。这主要是因为冲水键的芯棒附着了钙化污垢或铁锈等，导致无法顺畅地转动，喷上润滑剂，大部分情况是可以修好的。如果不行的话，只要拆开芯棒，清理干净就可以了。具体方法如下。

① 关闭止水栓，将冲水拉杆的链条卸下，先挂在溢流管上。

② 卸下冲水键上位于中央的螺丝。因种类的不同，有的冲水键要用锥子等将中央的塑胶盖片挑起后才会看见螺丝。

③ 从水箱内侧将芯棒拔起，用 600号砂纸抹掉芯棒上的污垢即可。

▲维修冲水键

12.26　水槽堵塞的解决方法

（1）堵塞原因分析

厨房是人们准备菜肴的空间，需要保持整洁干净。但是作为清洗蔬菜瓜果、碗盆的水槽却常常会堵塞，究其原因一般都是不正确地倾倒垃圾而产生的。所以想要保持水槽的洁净，就需要养成良好的生活习惯，不要将大块的垃圾倒入水槽。

▲ 双槽水槽

▲ 单槽水槽

（2）解决堵塞方法

① 先关闭水龙头，以免造成堵塞处积水更多。

② 用手或钩子等工具伸到排水管中，清除堵塞在其中的脏物。如果居住的是一楼，应检查室外的下水道处是否堆积了落叶或淤泥，以致堵塞了排水管。

③ 当水槽或水槽的排水管无明显的堵塞物时，可以用湿布堵住溢流孔，然后用搋子排除淤积物。

④ 如果使用搋子不能清除水槽或洗涤槽排水管的堵塞物，可以在排水管的存水弯处先放置一个水桶，然后拧下弯管，清除里面的堵塞物。

⑤ 如果以上方法都不奏效，说明造成排水管堵塞的淤积物在管道深处，此时应及时报知修理工，以免长时间堵塞造成水槽积水，建议最好找专业的师傅来维修。

12.27 清除水槽内的污垢

① 水槽尽量在使用过后用温水、洗涤液和软布清洗，平常的污渍可立即去除。

② 平常的垃圾和污渍属于轻微污染，不应该用较强烈的清洁剂来清洗。

③ 容易污染水槽的食物如茶、咖啡、果汁等最好马上用水或清洁剂清洗，以免碱性沉淀物残留在水槽内。

④ 特别污渍如墨水、油漆等必须马上清理，如果很难去除，可用软布蘸着酒精擦拭。

⑤ 如果有机污渍特别难以去除，不妨在水槽内注入能高度稀释有机污渍的清洁剂（如漂白剂）过夜，第二天早晨用温水和软布擦拭。

⑥ 金属厨具和水槽表面接触产生的痕迹可用布或海绵蘸液体清洁剂去除。

⑦ 水槽的使用过程中会产生石灰质，非常容易沉淀在水槽底部，石灰质非常容易粘油污，建议水槽底部一星期清洗两次或以上。